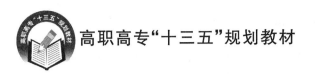 

高职高专"十三五"规划教材

机械制造工艺
(第 2 版)

陈新刚　主编

北京航空航天大学出版社

内 容 简 介

本书依据21世纪国家对职业教育的知识和能力要求,以培养高职高专机械制造及自动化专业的技术人才为目标来编写的。全书共分8章,内容包括:工艺过程概述、工艺路线设计、机床工序设计、机械加工精度、机械加工表面质量、典型零件加工、装配工艺基础知识及现代制造技术。每章均附有实例、习题与思考题。可供70~90学时授课使用。

本书可作为高等职业技术院校机械制造与自动化专业的教材,也可作为机械类其他专业的教材,还可供机械制造行业工程技术人员参考。

图书在版编目(CIP)数据

机械制造工艺/陈新刚主编. --2版. -- 北京:
北京航空航天大学出版社,2020.1
ISBN 978-7-5124-3032-7

Ⅰ. ①机… Ⅱ. ①陈… Ⅲ. ①机械制造工艺—高等职业教育—教材 Ⅳ. ①TH16

中国版本图书馆 CIP 数据核字(2019)第 122885 号

版权所有,侵权必究。

机械制造工艺(第2版)
陈新刚 主编
责任编辑 冯 颖

*

北京航空航天大学出版社出版发行

北京市海淀区学院路37号(邮编100191) http://www.buaapress.com.cn
发行部电话:(010)82317024 传真:(010)82328026
读者信箱:goodtextbook@126.com 邮购电话:(010)82316936
北京建筑工业印刷厂印装 各地书店经销

*

开本:787×960 1/16 印张:14.5 字数:325千字
2020年1月第2版 2020年1月第1次印刷 印数:2 000册
ISBN 978-7-5124-3032-7 定价:39.00元

若本书有倒页、脱页、缺页等印装质量问题,请与本社发行部联系调换。联系电话:(010)82317024

第 2 版前言

本书是根据高职高专机械制造及自动化专业的人才培养目标,以及 21 世纪国家对职业教育知识和能力的要求,并结合作者多年教学实践而编写的。它以培养应用型人才为目的,着重基本技能的培养和基础理论的应用,同时注重与生产实际的紧密结合;在教材体系和内容编排方面,以航空机械制造流程为主线,融机械制造生产中的机床、夹具和工艺等知识为一体,形成了机械制造工艺学教材的新体系,并遵循由浅入深、循序渐进等基本规律,便于教学。

本书从培养技术应用能力和加强职业素质教育出发,本着"优化传统基础知识,增加新技术新工艺"的原则,在编撰过程中充分考虑机械加工工艺过程中所需的理论知识,强调应用性和能力的培养。在基本理论的阐述中注重建立概念和原理的具体运用,充分体现了机械制造业的特性。全书共 8 章:第 1 章概括介绍工艺过程,着重建立基本概念及其应用;第 2 章介绍工艺路线设计,着重论述工艺知识在实践方面的应用;第 3 章介绍机床工序设计,着重介绍工艺尺寸计算的应用;第 4 章讲述机械加工精度,着重学习误差的产生原因及其分析;第 5 章讲述机械加工表面质量,着重加强对表面粗糙度的形成因素的认识与控制方法的掌握;第 6 章介绍典型零件的加工,并通过其加工工艺过程的设计着重培养工艺分析及理论应用能力;第 7 章介绍装配工艺基础知识,从保证产品质量的要求出发,分析装配工艺与机械加工工艺之间的关系,加深对装配精度、装配方法、装配尺寸链等基础知识的理解;第 8 章介绍现代制造技术,了解新的工艺方法和新技术在机械制造业中的应用,反映了国内外机械制造业的发展动向。另外,每章均附有实例、习题与思考题,以引导思维、掌握要点、培养能力。全书严格贯彻有关国家标准。

本书可作为高等职业技术院校机械制造与自动化专业的教材,也可作为机械类其他专业的教材,还可供机械制造行业工程技术人员参考。

本书由陕西航空职业技术学院陈新刚主编。第 1、2 章由陈新刚、苏建编写,第 3、6 章由孙汉成编写,第 4、5 章由姜宇编写,第 7 章由陈新刚、孙汉成编写,第 8 章由周宁编写。全书由陈新刚统稿。

由于编者的学术水平有限,书中难免存在不妥之处,恳切希望读者提出宝贵的意见和建议,以便修改。

编 者
2019 年 10 月

目 录

第 1 章 工艺过程 ⋯⋯⋯⋯⋯⋯⋯⋯⋯⋯⋯⋯⋯⋯⋯⋯⋯⋯⋯⋯⋯⋯⋯⋯⋯⋯⋯⋯⋯⋯⋯ 1
  1.1 概　述 ⋯⋯⋯⋯⋯⋯⋯⋯⋯⋯⋯⋯⋯⋯⋯⋯⋯⋯⋯⋯⋯⋯⋯⋯⋯⋯⋯⋯⋯⋯⋯⋯ 1
  1.2 设计工艺过程的基本要求 ⋯⋯⋯⋯⋯⋯⋯⋯⋯⋯⋯⋯⋯⋯⋯⋯⋯⋯⋯⋯⋯⋯⋯⋯ 4
  1.3 设计工艺过程的技术依据 ⋯⋯⋯⋯⋯⋯⋯⋯⋯⋯⋯⋯⋯⋯⋯⋯⋯⋯⋯⋯⋯⋯⋯⋯ 4
  1.4 机械加工精度 ⋯⋯⋯⋯⋯⋯⋯⋯⋯⋯⋯⋯⋯⋯⋯⋯⋯⋯⋯⋯⋯⋯⋯⋯⋯⋯⋯⋯⋯ 7
    1.4.1 零件精度的标志 ⋯⋯⋯⋯⋯⋯⋯⋯⋯⋯⋯⋯⋯⋯⋯⋯⋯⋯⋯⋯⋯⋯⋯⋯⋯ 8
    1.4.2 工件获得尺寸、形状和位置精度的方法 ⋯⋯⋯⋯⋯⋯⋯⋯⋯⋯⋯⋯⋯⋯ 8
  1.5 基准与定位 ⋯⋯⋯⋯⋯⋯⋯⋯⋯⋯⋯⋯⋯⋯⋯⋯⋯⋯⋯⋯⋯⋯⋯⋯⋯⋯⋯⋯⋯⋯ 13
    1.5.1 基　准 ⋯⋯⋯⋯⋯⋯⋯⋯⋯⋯⋯⋯⋯⋯⋯⋯⋯⋯⋯⋯⋯⋯⋯⋯⋯⋯⋯⋯⋯ 13
    1.5.2 定　位 ⋯⋯⋯⋯⋯⋯⋯⋯⋯⋯⋯⋯⋯⋯⋯⋯⋯⋯⋯⋯⋯⋯⋯⋯⋯⋯⋯⋯⋯ 15
  1.6 尺寸链及计算方法 ⋯⋯⋯⋯⋯⋯⋯⋯⋯⋯⋯⋯⋯⋯⋯⋯⋯⋯⋯⋯⋯⋯⋯⋯⋯⋯ 16
  习题与思考题 ⋯⋯⋯⋯⋯⋯⋯⋯⋯⋯⋯⋯⋯⋯⋯⋯⋯⋯⋯⋯⋯⋯⋯⋯⋯⋯⋯⋯⋯⋯⋯ 21

第 2 章 工艺路线设计 ⋯⋯⋯⋯⋯⋯⋯⋯⋯⋯⋯⋯⋯⋯⋯⋯⋯⋯⋯⋯⋯⋯⋯⋯⋯⋯⋯⋯ 25
  2.1 零件图结构的工艺分析 ⋯⋯⋯⋯⋯⋯⋯⋯⋯⋯⋯⋯⋯⋯⋯⋯⋯⋯⋯⋯⋯⋯⋯⋯⋯ 25
  2.2 毛坯的选择 ⋯⋯⋯⋯⋯⋯⋯⋯⋯⋯⋯⋯⋯⋯⋯⋯⋯⋯⋯⋯⋯⋯⋯⋯⋯⋯⋯⋯⋯⋯ 28
  2.3 加工方法的选择 ⋯⋯⋯⋯⋯⋯⋯⋯⋯⋯⋯⋯⋯⋯⋯⋯⋯⋯⋯⋯⋯⋯⋯⋯⋯⋯⋯⋯ 29
  2.4 加工阶段的划分 ⋯⋯⋯⋯⋯⋯⋯⋯⋯⋯⋯⋯⋯⋯⋯⋯⋯⋯⋯⋯⋯⋯⋯⋯⋯⋯⋯⋯ 33
  2.5 工序的集中与分散 ⋯⋯⋯⋯⋯⋯⋯⋯⋯⋯⋯⋯⋯⋯⋯⋯⋯⋯⋯⋯⋯⋯⋯⋯⋯⋯⋯ 34
  2.6 基准的选择 ⋯⋯⋯⋯⋯⋯⋯⋯⋯⋯⋯⋯⋯⋯⋯⋯⋯⋯⋯⋯⋯⋯⋯⋯⋯⋯⋯⋯⋯⋯ 35
    2.6.1 工序基准的选择 ⋯⋯⋯⋯⋯⋯⋯⋯⋯⋯⋯⋯⋯⋯⋯⋯⋯⋯⋯⋯⋯⋯⋯⋯⋯ 36
    2.6.2 定位基准的选择 ⋯⋯⋯⋯⋯⋯⋯⋯⋯⋯⋯⋯⋯⋯⋯⋯⋯⋯⋯⋯⋯⋯⋯⋯⋯ 40
  2.7 热处理工序及辅助工序的安排 ⋯⋯⋯⋯⋯⋯⋯⋯⋯⋯⋯⋯⋯⋯⋯⋯⋯⋯⋯⋯⋯ 44
  习题与思考题 ⋯⋯⋯⋯⋯⋯⋯⋯⋯⋯⋯⋯⋯⋯⋯⋯⋯⋯⋯⋯⋯⋯⋯⋯⋯⋯⋯⋯⋯⋯⋯ 46

第 3 章 机床工序设计 ⋯⋯⋯⋯⋯⋯⋯⋯⋯⋯⋯⋯⋯⋯⋯⋯⋯⋯⋯⋯⋯⋯⋯⋯⋯⋯⋯⋯ 50
  3.1 设备和工艺装备的选择 ⋯⋯⋯⋯⋯⋯⋯⋯⋯⋯⋯⋯⋯⋯⋯⋯⋯⋯⋯⋯⋯⋯⋯⋯⋯ 50
  3.2 加工余量的确定 ⋯⋯⋯⋯⋯⋯⋯⋯⋯⋯⋯⋯⋯⋯⋯⋯⋯⋯⋯⋯⋯⋯⋯⋯⋯⋯⋯⋯ 53
  3.3 工序尺寸的确定 ⋯⋯⋯⋯⋯⋯⋯⋯⋯⋯⋯⋯⋯⋯⋯⋯⋯⋯⋯⋯⋯⋯⋯⋯⋯⋯⋯⋯ 57

3.4 工艺尺寸的换算 ……………………………………………………………… 60
　　3.4.1 工艺尺寸链换算的方法与步骤 …………………………………… 60
　　3.4.2 工艺尺寸链的应用 ………………………………………………… 65
3.5 工艺规程编制实例 …………………………………………………………… 70
习题与思考题 ……………………………………………………………………… 83

第4章 机械加工精度 ……………………………………………………………… 86

4.1 概　述 ………………………………………………………………………… 86
4.2 加工误差产生的原因 ………………………………………………………… 86
　　4.2.1 加工原理误差 ……………………………………………………… 87
　　4.2.2 工艺系统几何误差及其对加工精度的影响 ……………………… 87
　　4.2.3 调整误差 …………………………………………………………… 91
　　4.2.4 工艺系统的受力变形 ……………………………………………… 92
　　4.2.5 工艺系统的受热变形 ……………………………………………… 95
　　4.2.6 工件内应力引起的变形 …………………………………………… 98
4.3 加工误差的分析 ……………………………………………………………… 98
　　4.3.1 研究加工误差的方法 ……………………………………………… 99
　　4.3.2 加工误差的综合分析与判断 ……………………………………… 106
习题与思考题 ……………………………………………………………………… 108

第5章 机械加工表面质量 ……………………………………………………… 110

5.1 概　述 ………………………………………………………………………… 110
5.2 表面质量对零件使用性能的影响 …………………………………………… 111
5.3 表面粗糙度及其影响因素 …………………………………………………… 113
5.4 表面层的物理机械性能及其影响因素 ……………………………………… 116
　　5.4.1 加工表面层的冷作硬化 …………………………………………… 116
　　5.4.2 加工表面层的金相组织变化与磨削烧伤 ………………………… 116
　　5.4.3 加工表面层的残余应力 …………………………………………… 118
5.5 工艺系统的振动及其控制方法 ……………………………………………… 118
　　5.5.1 机械加工中振动的类型及特点 …………………………………… 119
　　5.5.2 减小振动与提高稳定性的措施 …………………………………… 119
习题与思考题 ……………………………………………………………………… 124

第6章 典型零件的加工 126

6.1 接头类零件 126
6.1.1 接头类零件概述 126
6.1.2 接头零件加工工艺设计 128
6.1.3 主要表面的加工方法 149

6.2 套类零件 150
6.2.1 套类零件概述 150
6.2.2 升降套零件加工过程设计 152
6.2.3 主要表面的加工方法 158

6.3 支架类零件 159
6.3.1 支架类零件概述 159
6.3.2 支架零件加工过程设计 160
6.3.3 主要表面的加工方法 168

6.4 零件的加工特点 169

习题与思考题 170

第7章 装配工艺基础知识 171

7.1 概 述 171

7.2 装配尺寸链的解法 174

7.3 保证装配精度的方法 180
7.3.1 互换装配法 180
7.3.2 选择装配法 182
7.3.3 修配装配法 185
7.3.4 调整装配法 190
7.3.5 装配方法的选择 193

7.4 装配工艺规程的制定 193
7.4.1 制定装配工艺规程的基本要求 193
7.4.2 制定装配工艺规程的主要依据 194
7.4.3 制定装配工艺规程的方法和内容 195

习题与思考题 198

第8章 现代制造技术 200

8.1 特种加工 200

8.1.1 特种加工的概念 …………………………………………………………… 200
8.1.2 特种加工方法的分类 ………………………………………………………… 200
8.1.3 特种加工技术的特点及使用范围 ……………………………………………… 201
8.2 超精密加工 ………………………………………………………………………… 210
8.3 成组技术 …………………………………………………………………………… 215
8.4 CAPP 技术 ………………………………………………………………………… 217
8.5 现代生产制造系统及制造技术的展望 …………………………………………… 220
习题与思考题 ……………………………………………………………………………… 223

参考文献 …………………………………………………………………………………… 224

第1章 工艺过程

1.1 概 述

1. 生产过程和工艺过程

(1) 生产过程

生产过程是指将原材料转变为成品的全过程。工厂的生产过程可以分为几个主要阶段,在机械制造厂(例如在航空和航天发动机制造工厂)中,这些阶段如下:

① 毛坯制造,如铸造、锻造、冲压和焊接。

② 零件的机械加工、热处理和其他表面处理等。

③ 生产和技术准备工作,如产品的开发和设计、工艺设计、专用工艺装备的设计和制造、各种生产资料的准备以及生产组织等方面的准备工作。

④ 部件和产品的装配、调整、检验、试验、油漆和包装等。

工厂的生产过程是一个十分复杂的过程,不仅包括直接作用到生产对象上的工作,而且包括许多生产准备工作(如生产计划的制定、工艺规程的编制、生产工具的准备等)和生产辅助工作(如设备的维修,工具的刃磨,原材料和半成品的供应、保管和运输,生产的统计和核算等)。

然而,在工厂的生产过程中,占重要地位的是工艺过程。工艺过程是改变生产对象的形状、尺寸、相对位置和性质,使其成为半成品或成品的过程。工艺过程有锻压、铸造、机械加工、冲压、焊接、热处理、表面处理和装配等。

同样一个零件的加工,可以采用几种不同的工艺过程来完成,但其中总有一种工艺过程在特定的条件下是最合理的,将它的相关内容用文件(表格、图形、文字等形式)固定下来,用以指导生产,这个文件称为工艺规程。工艺规程是指导生产的重要文件,也是组织和管理生产的基本依据。当然,工艺规程也不是一成不变的,随着科学技术的发展,一定会有新的更合理的工艺规程来代替旧的相对不合理的工艺规程。但是,工艺规程的修订必须经过充分的实验论证,并须严格履行呈报审批手续。

(2) 机械加工工艺过程

机械加工工艺过程是指用机械加工方法逐步改变毛坯的状态(形状、尺寸和表面质量),使之成为合格零件的全部过程。在航空、航天产品的制造过程中,机械加工在总劳动量中占的比重最大(约为60%),而且它是获得复杂构形和高精度零件的主要手段。近年来,由于科学技术的飞速发展,对产品的精度要求愈来愈高,因此,机械加工工艺过程在产品的整个生产过程中占有更重要的地位。

先进工艺过程的采用,与提高航空、航天工业的技术水平有着非常密切的关系。工艺过程的设计,在生产准备工作中起着决定性作用。按照规定的工艺过程组织生产,对保证产品的质量、生产率和经济性起着决定性作用,并有十分重要的意义。同时,生产中的各种生产准备工作和生产辅助工作,也都以规定的工艺过程为依据。而且,执行规定的工艺过程,才能够建立起正常的生产秩序,对不断提高生产制造业水平有着重要意义。因此,设计正确合理的工艺过程,是一项十分重要的工作。

2. 工艺过程的组成

机械加工工艺过程是由一系列工序组成的,毛坯依次通过这些工序而变为成品。

(1) 工　序

工序是指一个或一组工人,在一个工作地对同一个或同时对几个工件连续完成的那一部分工艺过程。划分工序的主要依据是工件工作地是否变动和工作是否连续。工序的内容可繁可简。如图 1-1(a)所示的零件,孔 1 需要进行钻和铰,如果一批工件中,每个工件都是在一台机床上依次首先钻孔,而后接着铰孔,这就构成了一个工序;如果将整批工件都先进行钻孔,然后再将整批钻过孔的工件进行铰孔,这样就成为两个工序。

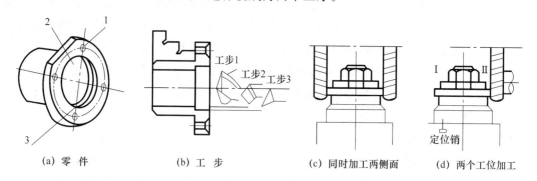

(a) 零件　　　　(b) 工　步　　　　(c) 同时加工两侧面　　(d) 两个工位加工

图 1-1　工艺过程的形成

工序在组织计划工作中是工艺过程的基本单元。

工序中有不同的工步。

(2) 工　步

工步是指在被加工表面、切削工具和切削用量中转速和进给量均保持不变的条件下所进行的工作。

如图 1-1(b)所示,加工中间大孔时包括三个工步,即①钻孔;②镗孔;③镗环槽。

复合工步是在生产中,为了提高生产率,常常用组合刀具同时加工几个表面。图 1-1(c)所示为用两把铣刀同时加工两个平面的情况。在多刀、多轴机床上加工时,主要利用复合工步的特点来提高劳动生产率。

此外,为了简化工艺文件,对于连续进行的若干个工步,通常都看作一个工步。例如加工图 1-2 所示零件,在同一工序中,连续钻 4 个 $\phi15$ 的孔,就可看作一个工步。

除上述工步概念外,还有辅助工步,它是由人或设备连续完成的一部分工序,该部分工序不改变工件的形状、尺寸和表面粗糙度,但它是完成工步所必需的,如更换工具等。引入辅助工步的概念是为了精确地计算工步工时。

(3) 走 刀

一个工步又可分为几次走刀。走刀是指在一个工步中,切削工具从被加工表面上切去一层金属所进行的工作。

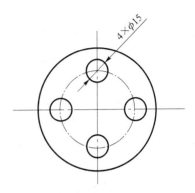

图 1-2 复合工步

当工件表面上需要切去的余量太大,不可能或不宜一次切下时,就需要用几次走刀来完成加工。

(4) 安 装

完成一个工序,常常要进行许多工作,这些工作可分为基本工作(切削)和辅助工作(装卸工件、开动机床、引进工具和测量工件等)两部分。在辅助工作中,工件的安装占有很重要的地位。

安装是使工件在机床上占有正确的位置,并夹紧使之固定在这个位置上。因此,安装包括定位和夹紧两个内容。在一个工序中,可以用一次安装或几次安装来进行加工。如图 1-1(c)所示,用一对铣刀同时加工两个侧平面,这是一次安装。若用一把铣刀,先铣一边,然后将工件松开,旋转 180°,并重新夹紧,再加工另一边,这就成了两次安装。

工件在一个工序中进行多次安装,往往会降低加工质量,而且还要花费更多装夹时间。因此,在生产实际中,应尽量减少安装次数,以达到提高加工质量和缩短生产时间的目的。

(5) 工 位

工位是工件在一次装夹后,在机床上所占有的各个位置。

图 1-1(d)所示为利用夹具在两个工位上铣削平面的情况。工件的Ⅱ端加工后,不必卸下工件,只需拔出定位销,使夹具的上半部分带着工件一起旋转 180°,再插入对定销,使工件的Ⅰ端占据Ⅱ端原有的位置,也就是使夹具的上半部和底部之间改变角的相对位置,从而使工件由第一工位转到第二工位。

1.2　设计工艺过程的基本要求

设计零件的机械加工工艺过程,是生产技术准备工作的一个重要组成部分。一个零件可以采用不同的工艺过程制造出来,但是正确与合理的工艺过程,应满足下列基本要求:
① 保证产品的质量符合设计图和技术条件所规定的要求;
② 保证高的劳动生产率;
③ 保证经济的合理性。

质量、生产率和经济性,通常构成了制定工艺过程所必须满足的技术和经济要求。另外,在设计工艺过程时,必须特别重视改善劳动条件。新技术和新工艺的发展,如毛坯的制造、特种工艺和超精工艺技术的发展,以及数控和计算机技术的应用等,都对产品的质量和生产周期有很大影响。因此,随着生产技术的发展和高新技术在生产中的应用,工艺过程也要不断改进。

同时,设计的工艺过程要能够保证产品质量的稳定性,即工艺过程要能够可靠地实现图纸和技术条件所规定的要求,亦即产品的质量,尽可能不依赖操作者的技艺,而取决于设备、工艺装备和工艺方法的完善程度。

总之,设计工艺过程是要合理地解决技术和经济问题。为了使设计的工艺过程更为合理,就必须对各种可行的工艺方案进行分析比较,以使工艺过程能够全面地符合质量、生产率和经济性要求,即多、快、好、省。

1.3　设计工艺过程的技术依据

制定零件机械加工的工艺过程,取决于零件的技术要求、毛坯性质、生产类型和生产条件。所以,在设计工艺过程时,必须掌握下列资料作为基本的技术依据。

1. 零件图及技术条件

零件图及其技术条件是设计工艺过程的主要技术依据。在零件图上应包括:
① 构　　型　有足够的视图才能够完全反映零件的形状特征;此外,还应有确定零件形状大小的全部尺寸。除零件图外,有时还需要装配图。
② 技术要求　有关尺寸、形状和位置关系允许的偏差,表面粗糙度以及某些特殊的技术要求。
③ 材　　料　有关材料的牌号、热处理方式、硬度、材料的无损探伤、毛坯种类及检验等级等。

另外,所有不能在图纸上用图形或符号表示的要求或说明,一般可写在图纸或另附的文件上,称为技术条件。

在设计工艺过程时,首先应对零件图进行详细的工艺分析,以便掌握工艺关键并采取必要的工艺措施。

2. 毛坯图

编制工艺规程时分析毛坯图的主要目的有两个:其一是分析毛坯余量是否足够及余量的大小,以便于安排工序及走刀次数;其二是从工艺角度出发,分析毛坯上有无合适的表面作为初次定位基准,若无,则要及时与相关技术人员协商,重新设计毛坯的形状和结构。

3. 生产类型

(1) 生产纲领

生产纲领是指企业在计划期内应当生产的产品数量和进度计划。计划期常定为一年,生产纲领也称为年产量。

零件的生产纲领要计入备品和废品的数量,可按下式计算:

$$N = Qn(1+\alpha)(1+\beta) \tag{1-1}$$

式中:N——零件的年产量(件/年);

Q——产品的年产量(台/年);

n——每台产品中,该零件的数量(件/台);

α——备品的百分率;

β——废品的百分率。

(2) 生产类型及工艺特征

生产类型可分为单件生产、成批生产和大量生产三种基本类型。

① 单件生产 其特点是产品的品种多,产量小(一件、几件或几十件),而且不再重复(或不定期重复)生产。

② 成批生产 其特点是产品分批生产,按一定时期交替重复。因批量的不同,成批生产可分为大批生产、中批生产和小批生产三种。大批生产的产品品种有限而产量较大,所以常采用接近于大量生产的方式进行。小批生产则是产品的品种繁多而产量不大,其生产方式接近于单件生产。成批生产一般采用通用设备及部分专用设备。

③ 大量生产 其特点是产品的产量大,大多数设备经常重复进行某一工件的一个工序的加工。常采用专用设备及专用工艺装备。广泛采用高生产率的专用机床、组合机床、自动机床及自动生产线。

生产类型的划分可根据生产纲领和产品的劳动量大小来决定,具体如表1-1所列。

表 1-1 生产类型和生产纲领的关系

生产类型	生产纲领/(台/年或件/年)			工作地每月担负的工序数/每月的工序数
	小型机械或轻型零件	中型机械或中型零件	重型机械或重型零件	
单件生产	≤100	≤10	≤5	不作规定
小批生产	>100~500	>10~150	>5~100	>20~40
中批生产	>500~5 000	>150~500	>100~300	>10~20
大批生产	>5 000~50 000	>500~5 000	>300~1 000	>1~10
大量生产	>50 000	>5 000	>1 000	1

在同一工厂内，甚至在同一车间内的各个工段，也可能按不同的生产类型来组织生产。

由于生产的类型不同，在生产组织、生产管理、车间布置、设备、工艺装备、工艺方法以及操作者的技术水平等各方面的要求也都有所不同。所以，在设计工艺过程时，必须注意与生产类型相适应。

生产类型及其工艺特征的关系，一般可归纳为表 1-2。

表 1-2 各种生产类型及工艺特征

工艺特征	生产类型		
	单件小批	中批	大批量
零件的互换性	用修配法，钳工修配，缺乏互换性	大部分具有互换性。装配精度要求较高时，灵活应用分组装配法和调整法，同时还保留某些修配法	具有广泛的互换性。少数装配精度较高处，采用分组装配法和调整法
毛坯的制造方法与加工余量	木模手工造型或自由锻造，毛坯精度低，加工余量大	部分采用金属模铸造或模锻。毛坯精度加工余量中等	广泛采用金属模机器造型、模锻或其他加工方法。毛坯精度高，加工余量小
机床设备及其布置形式	通用机床。按机床类别采用机群式布置	部分通用机床和高效机床。按工件类别分工段排列设备	广泛采用高效专用机床及自动机床，按流水线和自动线排列设备
工艺装备	大多采用通用夹具、标准附件、通用刀具和万能量具。靠划线和试切法达到精度要求	广泛采用夹具，部分靠找正装夹达到精度要求，较多采用专用刀具和量具	广泛采用高效夹具、复合刀具和专用量具。靠调整法达到精度要求
对工人的技术要求	需技术水平较高的工人	需一定技术水平的工人	对调整工的技术水平要求高，对操作工的技术水平要求较低
工艺文件	有工艺过程卡，关键工序要工序卡	有工艺过程卡，关键零件要工序卡	有工艺过程卡和工序卡，关键工序要调整卡和检验卡
成本	较高	中等	较低

在一般情况下,生产类型的不同,设计工艺过程的详细程度也有所不同。单件生产时,一般只设计工艺路线;在成批和大量生产时,才详细地设计工艺过程。另外,在设计流水线生产的工艺过程时,必须使完成每一工序所需要的时间接近于节律或其整数倍,以使机床得到充分的利用,达到均衡生产的目的。

节律是指加工一个工件时完成一个工序所需的时间,可按下式计算:

$$t = T/Q \tag{1-2}$$

式中:T——某一段时间;

Q——在此时间内所加工的工件数。

近年来,计算机技术的迅速发展,先进的设备及技术——数控机床、加工中心及其成组技术、柔性制造技术以及集成制造系统等的应用和发展,使各种生产类型的工艺特点,甚至是批量的概念等,都发生了新的变化。

4. 生产条件

设计工艺过程,可能是在现有工厂的条件下,或者是在新设计的工厂条件下进行。在后一种条件下,可以根据需要和我国当前可能的条件来选择设备,因而可采用较为先进的技术。而在前一种条件下,主要应从现有的机床设备出发来设计较为合理的工艺过程,使现有的设备能得到充分的利用。

5. 相关技术文件

由于生产对象不同,不同的行业都规定了自己生产中常用的相关技术文件,如生产说明书、典型工艺规程、零件交接状态表等,这些都是编制工艺规程时的依据。

6. 借鉴国内外先进经验

零件的加工工艺随着设备、工件材料、刀具材料以及操作者水平的不同而有所变化,因此在编制工艺规程时可以借鉴国内外先进经验,少走弯路,以提高加工水平及生产效率。

为了发挥现有生产设备的潜力,保证产品质量和提高生产率,机床设备的改装具有十分重要的作用和经济意义。

新技术、新工艺的发展,新设备的不断出现,标志着生产工艺水平的不断提高。因此,为了更好地保证产品质量,提高劳动生产率,降低生产成本,在设计工艺过程时,要充分注意新技术的引用。

1.4 机械加工精度

生产任何一种机械产品,都要求在保证质量的前提下,做到高效率、低消耗、低成本。产品的质量与零件加工的质量、产品的装配质量有关,零件的加工质量是保证产品质量的前提。零件的加工质量包括零件的加工精度和零件的表面质量两方面。零件的加工精度又分为尺寸精度、形状精度和相互位置精度。

所谓机械加工精度，是指工件在机械加工后的实际几何参数（尺寸、几何形状以及表面间的相对位置等）与理想几何参数符合的程度。实际值越接近理想值，加工精度就越高。实际加工不可能把零件制作得与理想零件完全一致，总会有偏差。零件实际几何参数与理想几何参数的偏差称为加工误差。因此，保证零件规定的加工精度是设计零件机械加工工艺过程的首要任务。

1.4.1 零件精度的标志

由分析零件的构型可知，任何零件都是由各种基本表面组合而成的。在大多数情况下，这些表面都是很简单的表面，如平面、圆柱面等。另外，简单的直线型面和回转型面，如锥面、球面、螺旋面和齿形表面等，应用也较多。更复杂的立体型面，如叶片的叶形表面等，则应用较少。零件的精度可从以下两方面来表示：

（1）表面本身精度

① 表面本身的尺寸精度，如圆柱面和球面的直径、锥面的锥角；

② 表面本身的形状精度，如平面度、圆度、圆柱度及面轮廓度等。

（2）表面间相对位置精度

① 表面间的位置尺寸精度，如平面间的距离、孔间距等；

② 表面间的位置关系精度，如平行度、垂直度、对称度、位置度及圆跳动和全跳动等（见国家标准 GB 1183—1996 中所规定的位置精度）。

任何一种加工方法都不可能加工出绝对准确的零件，总是要产生一些加工误差。因此，在设计工艺过程时，应考虑加工的需要与可能来规定适当的加工精度。

1.4.2 工件获得尺寸、形状和位置精度的方法

机械加工的目的就是要使工件达到一定的尺寸、形状和位置精度的要求，并获得预定的表面质量。零件在加工时，可通过下面的方法来获得规定的精度。

1. 获得尺寸精度的方法

（1）试切法

通过试切—测量—调整—再试切，反复进行直到被加工尺寸达到要求为止的加工方法称为试切法。采用试切法加工，往往要进行多次试切与测量，生产率较低，对工人的技术水平要求比较高，零件质量受人为因素的影响较大，一般只适用于单件或小批生产。作为试切法的一种类型——配作，是以已加工工件为基准，加工与其相配的另一工件。配作中最终被加工尺寸达到的要求是以与已加工的配合要求为准的。

(2) 调整法

调整法就是先按试切法或用样件（或对刀块）调整好刀具与工件的相对位置，然后按已调整好的位置（不再经任何试切）加工，使工件获得预定的尺寸要求，如图1-3所示。

铣槽工序就是利用对刀块与小轴工件的相对位置，来铣出工件轴端的通槽。

调整法比试切法加工的零件尺寸一致性要好，且具有较高的生产率，对机床操作工人的要求不高，但对机床调整工人的要求高。调整法适用于成批大量生产。

(3) 定尺寸刀具法

定尺寸刀具法是用刀具尺寸来保证工件的加工尺寸的，例如用钻头、铰刀、拉刀和成型刀等。这种方法具有较高的生产率，零件尺寸加工精度主要取决于刀具本身的精度和刀具的磨损。

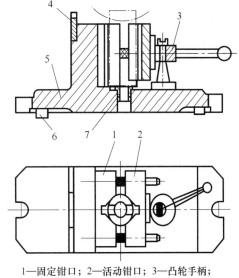

1—固定钳口；2—活动钳口；3—凸轮手柄；
4—对刀块；5—钳体；6—定位键；7—底座

图1-3 调整法加工实例

2. 获得形状精度的方法

工件的表面形状主要依靠刀具和工件的相对成型运动来获得的。

(1) 轨迹法

这种加工方法是依靠刀尖运动轨迹来获得所要求的表面几何形状的。刀尖的运动轨迹取决于刀具和工件的相对运动（成型运动）。图1-4(a)所示为在车床上用轨迹法加工特殊形状的回转表面的例子，它是通过操作者的双手来控制刀尖的运动轨迹来加工的，零件的精度取决于操作者的水平。如果使用数控车床，则通过数控程序控制刀尖运动轨迹来加工此零件，其精度和效率会更高。图1-4(b)所示为用刨刀的直线运动和工件垂直于它做直线运动来加工平面的。用这种加工方法得到的形状精度，取决于成型运动的精度。

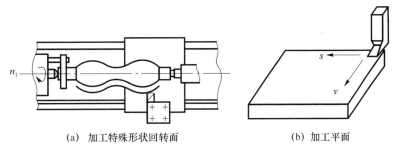

(a) 加工特殊形状回转面　　(b) 加工平面

图1-4 轨迹法加工

(2) 成型法

用成型刀具刀刃的几何形状来代替机床的某些成型运动。图1-5(a)所示为用成型车刀加工回转曲面，图1-5(b)所示为用螺纹车刀车削螺纹等。此法所获得的形状精度取决于刀刃的形状精度和成型运动精度。

(3) 展成法

刀具和工件做展成运动，被加工表面是刀刃在和工件作展成运动过程中所形成的包络面（见图1-6）。各种齿形的加工常采用这种方法。用展成法获得成型表面时，刀刃的形状必须是被加工成型表面的共轭曲线，而作为成型运动的展成运动，则必须保持确定的传动比关系。

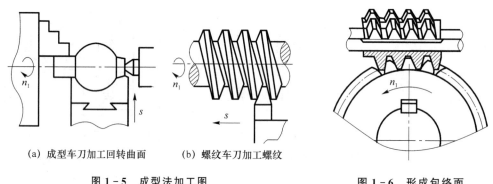

(a) 成型车刀加工回转曲面　(b) 螺纹车刀加工螺纹

图1-5　成型法加工图　　　　　图1-6　形成包络面

(4) 仿形法

刀具按照仿形装置对工件进行加工的方法称为仿形法。仿形法所得到的形状精度取决于仿形装置的精度及其他成型运动精度。如仿形车、仿形铣等均属仿形法加工。图1-7所示为用工件的回转和刀具按靠模做曲线运动加工特殊形状的回转表面的。

3. 获得位置精度的方法

(1) 直接找正

零件的位置精度主要取决于机床与夹具的精度。图1-8所示的套筒在车床上用四爪卡盘安装，用百分表按工件外圆进行找正后夹紧镗孔，以保证所要求的内外圆同轴度。此种安装方法生产效率低，一般只用于单件小批生产。如果工人的技术水平高，则用直接找正法安装工件有时也能获得很高的定位精度。

(2) 按线找正

图1-9所示的某车床床身毛坯，为保证床身各处壁厚均匀及各加工表面的余量均匀，应在钳工台上划好线，然后在龙门刨床工作台上用千斤顶支起床身毛坯，用划针按线找正，夹紧后再对床身底平面进行粗刨。此种安装方法，一般只应用于单件小批生产中加工复杂而笨重的零件，或零件毛坯尺寸公差很大而无法直接使用夹具安装的情况。表1-3列出了找正安装方法的定位误差。

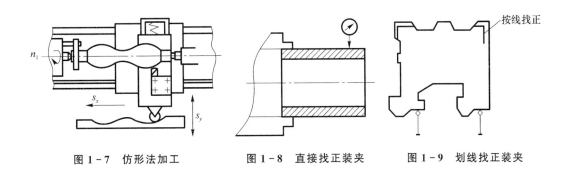

图 1-7 仿形法加工　　图 1-8 直接找正装夹　　图 1-9 划线找正装夹

表 1-3 找正安装方法的定位误差

找正用工具种类 基准面状态	粉笔印	划针盘	水平尺	深度千分尺	百分尺	长度量规
以划线作基准	—	0.5	—	0.25	—	—
以毛面作基准	1.5	—	—	—	—	—
以加工面作基准	—	0.25	0.01	0.10	0.05	0.05

(3) 夹具安装

因为夹具是按照被加工工件的工序要求(包括相互位置要求)专门设计的,因此,只要将工件安装在夹具上后,工件就相对于机床和刀具占有正确的位置,就能够获得工件的相互位置精度。图 1-10 所示为在一支架工件上钻孔,孔与支架底面 b 的平行度要求是通过夹具钻套孔 a 及夹具定位元件 c 对夹具底面 d 的垂直度要求来获得的。

夹具安装生产效率高,定位精度也高,广泛用于成批、大量生产,以及单件、小批生产。生产中加工相互位置有特别要求的工件,有时也用夹具安装。

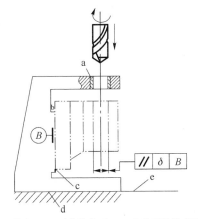

a—钻套；b—零件的底面；c—定位元件的表面；
d—夹具底面；e—工作台面

图 1-10 钻 孔

1) 一次安装

在一次安装的条件下,可以保证较高的位置精度。因为在一次安装时所加工的各表面间的位置精度,主要取决于设备的精度,而与定位误差和定基误差无关。

如图 1-11 所示的零件,若以 A、G 表面定位(夹紧 A 面),加工表面 B、C 及 H、K 面,则 B 面与 C 面的同轴度、H 面对 B 面和 K 面对 C 面的垂直度,以及 H 面对 K 面的平行度和 H

面与 K 面之间的距离 $L-\Delta L$ 等,均不受定位和定基误差的影响。而定位误差只能影响这一组加工表面相对于工件上定位基准(A、G)的位置精度。因此,这种方法能保证很高的位置精度。

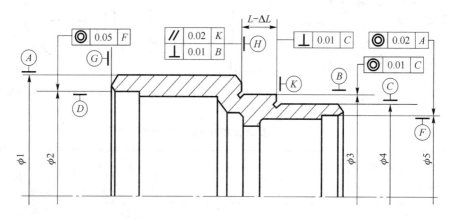

图 1-11 位置精度的保证方法

2) 互为基准原则

有位置精度要求的两个表面,在加工时,用其中任何一个表面作为定位基准来加工另一个表面,这种保证位置精度的方法,称为互为基准法。

图 1-11 中,A 面和 F 面之间有同轴度的要求,若用 A 面定位来加工 F 面,就称为互为基准法加工。

图 1-10 中,孔的中心线和底面 b 的平行度也是用互为基准的方法保证的,即以 b 面定位加工孔。图 1-12 中,A 面和 F 面之间有平行度要求,若用 A 面定位来加工 F 面(或用 F 面定位来加工 A 面),就是互为基准法加工。

由于这种方法的定位基准与工序基准重合不产

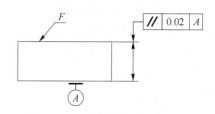

图 1-12 位置精度的保证方法

生定基误差,只是一次定位误差的影响,因此这种方法定位准确,也能保证较高的位置精度。

3) 基准同一原则

在工件加工过程中,尽可能选用同一定位基准加工工件上的各个表面,这样可以较好地保证各加工表面的位置精度。

如轴类零件的加工,一般都选用两个顶尖孔作精基准;箱体类零件的加工,都采用一个面积大、精度高的平面和两个距离较远的孔作精基准;圆盘类零件的加工,都采用内孔和端面作精基准。上述各类零件加工采用的精基准都是从基准同一原则来考虑的。

采用基准同一原则有一系列的优点,它可以简化工艺规程的制定工作。

4) 不同基准

有位置精度要求的两个表面,在加工时,采用两个不同的表面作为定位基准,称为不同基准法。

这种方法不但有定位误差的影响,而且有较大的定基误差,这是因为在这种方法中,定基误差不但要包括用同一基准法时的定基误差,而且还要包括两个定位基准间的位置公差。因此,这种方法只能保证较低的位置精度,一般只用于次要表面的加工。

以上四种方法中,一次安装和互为基准的方法能保证较高的位置精度。因此,定位基准的制造与转换,均采用这两种方法。

1.5 基准与定位

在设计工艺过程时,不但要考虑获得表面本身的精度,而且还必须保证表面间位置精度的要求。这就需要考虑工件在加工过程中的定位和测量等基准问题。

1.5.1 基 准

基准是用来确定生产对象上几何要素间的几何关系所依据的那些点、线、面。基准可以是假想的,如球心及孔和轴的中心线;也可以是客观存在的,如平面等。根据基准使用场合不同,可将基准划分为设计基准和工艺基准两大类。用在设计图上的基准称为设计基准;用在制造过程中的基准称为工艺基准。工艺基准根据其作用不同又可分为工序基准、定位基准、测量基准和装配基准。下面分别进行介绍。

1. 设计基准

设计基准是零件图上用以确定其他点、线或面位置的点、线或面。

在零件图上,按零件在产品中的工作要求,用一定的位置尺寸或位置关系来确定各表面间的相对位置。图 1-13 所示为三个零件的部分要求。图 1-13(a)中:对平面 A 来说,平面 B 是它的设计基准;对平面 B 来说,平面 A 是它的设计基准。它们互为设计基准,因此,设计基准之间可互为基准。图 1-13(b)中:D 是平面 C 的设计基准。在图 1-13(c)中:虽然 G 和 H 面之间没有标注尺寸,但有一定位置精度的要求。因此,H 是 G 面的设计基准。

对于整个零件来说,有很多位置尺寸和位置精度的要求。但是,在各个方向上,往往有一个主要的设计基准。如图 1-13(c)所示的零件,F 就是轴向主设计基准,径向的主设计基准是中心线。

在设计工艺过程时,要考虑如何获得表面间的位置精度问题,因此,需根据设计基准来分

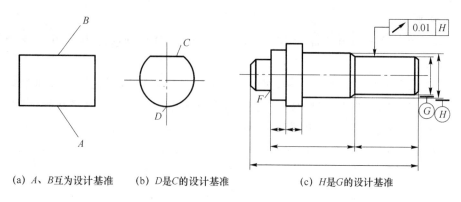

(a) A、B互为设计基准　　(b) D是C的设计基准　　(c) H是G的设计基准

图1-13　设计基准

析选取工艺基准问题。最常用的工艺基准有工序基准、定位基准、测量基准和装配基准。

2. 工艺基准

(1) 工序基准

工序基准是在工序图上用以确定被加工表面位置的点、线、面。

图1-14所示为钻孔工序的工序图。这两种方案中由于工序基准选择不同,工序尺寸也因之而异。

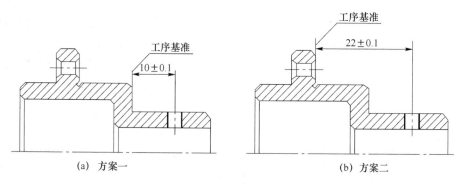

(a) 方案一　　　　　　　　　　(b) 方案二

图1-14　工序基准及工序尺寸

(2) 定位基准

定位基准是用以确定工件在机床或夹具上位置的点、线、面。当工件在夹具上(或直接在设备上)定位时,它使工件在工序尺寸方向上获得确定的位置。在定位时用于体现定位基准的面称为定位基面。当平面作为定位基准时,定位基准与定位基面重合,如图1-15(a)所示;当用点、线作为定位基准时,定位基准与定位基面不重合,如图1-15(b)所示。

图1-15所示为加工某工件的两个工序简图。由于工序尺寸方向的不同,定位基准的表面也就不同。在图1-15(a)中,工序尺寸为H_1,工件以底面定位。在图1-15(b)中,工序尺

寸为 H_2 和 H_3,所以工件要以底平面及内圆柱面作为定位基面。

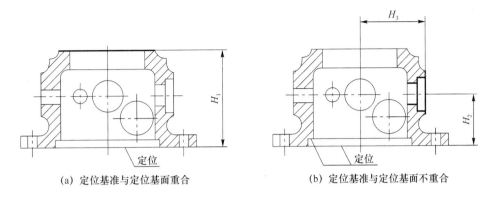

(a) 定位基准与定位基面重合　　　　(b) 定位基准与定位基面不重合

图 1-15　定位基准

(3) 测量基准

测量基准是工件上的一个表面、表面的母线或表面上的一个点,据此来测量被加工表面的位置。图 1-16 所示为检测被加工平面时所用的两种方案,工序尺寸不同,选择的测量基准也不相同。

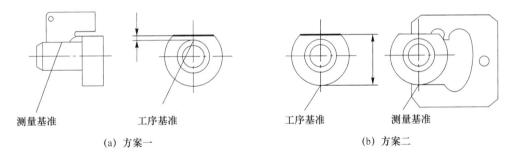

(a) 方案一　　　　　　　　　　(b) 方案二

图 1-16　测量基准

(4) 装配基准

装配基准是产品装配过程中使用的基准,用以确定零件在产品中位置的点、线、面。

1.5.2　定　位

工件在机床上定位,一般有校正定位法和非校正定位法两种。

1. 校正定位法

用校正定位法定位时,工件在机床上是靠找正的方法来获得所要求的位置的。这种方法的生产率较低,所以一般只是在单件或小批生产中使用。对于一些大型复杂的工件,如机匣等零件,由于毛坯制造比较困难,制造精度也不高,所以常采用划线找正的办法。另外,校正定位法还用于工件的定位精度要求特别高的情况(0.01～0.005 mm),因为使用夹具有时很难保证较高的定位精度。

2. 非校正定位法

使用非校正定位法定位时,只要使工件上的定位基准和夹具(或设备)上的定位表面相接触,就能使工件获得所要求的位置。由于这种方法的生产率较高,因此,在成批及大量生产时,主要采用这种方法。必须指出采用这种方法定位时,要求工件的定位基准必须有一定的精度。

1.6 尺寸链及计算方法

在设计和制造过程中,需要确定表面间的位置,因而常遇到尺寸和精度的计算问题,所以首先要掌握尺寸链概念及其计算方法。

1. 尺寸链

用来确定某些表面间相互位置的一组尺寸,按照一定的次序首尾相连排列成封闭的链环,称为尺寸链。

在零件图或工艺文件上,为了确定某些表面间的相互位置,可以列出一些尺寸链。在设计图上的称为设计尺寸链;在工艺文件上的称为工艺尺寸链。

图1-17(a)所示为某一零件的轴向尺寸简图,底的厚度为 A_0,由设计尺寸 A_1、A_2、A_3 所确定。尺寸 A_1、A_2、A_3,再加上 A_0 就组成一个设计尺寸链。

图1-17(b)所示为零件的两个工序图。凸缘厚度 A_3 由 H_1 及 H_3 所确定,尺寸 H_1、H_3 和 A_3 组成一个工艺尺寸链;尺寸 H_1、H_2、H_3 与 A_2 组成另一个工艺尺寸链。

尺寸链中的每一个尺寸称为尺寸链的环。每个尺寸链环按其性质可分为组成环和封闭环两类。

(1) 组成环

直接形成的尺寸称组成环,如图1-17(a)所示设计图上直接给定的尺寸 A_1、A_2、A_3 等,图1-17(b)所示工序图上直接加工获得的尺寸 H_1、H_2、H_3 等。

(2) 封闭环

由其他尺寸派生的或由其他尺寸间接形成的尺寸称为封闭环。如设计尺寸链中,A_0 是由 A_1、A_2、A_3 所确定的,所以 A_0 是间接形成的,是这个设计尺寸链的封闭环。在工艺尺寸链中,因为 A_3 是由 H_1 和 H_3 所确定的,所以 A_3 是该工艺尺寸链的封闭环。同理,在 H_1、H_2、H_3 和 A_2 组成的工艺尺寸链中,A_2 是封闭环。

(3) 增环和减环

组成环按其对封闭环影响的性质不同又可分为增环和减环。当组成环增大时,若封闭环

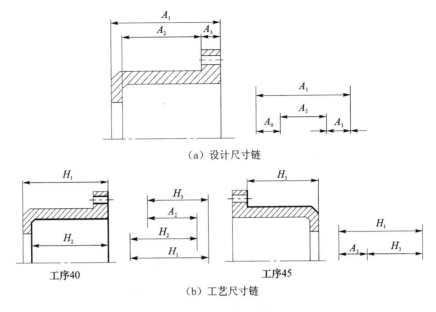

(a) 设计尺寸链

(b) 工艺尺寸链

图 1-17 轴向尺寸图

也增大,则该组成环称为增环。而当组成环增大时反而使封闭环减小,则该组成环称为减环。如在 H_1、H_3、A_3 三个尺寸组成的工艺尺寸链中,H_1 增大会使 A_3 也增大,所以 H_1 是增环;而 H_3 增大时反而使 A_3 减小,所以 H_3 是减环。

在一个尺寸链中,只有一个封闭环。由于尺寸在图纸上一般均不应标注成封闭的,所以一般都不标注封闭环。如设计尺寸链中,A_0 不在图纸上标注;而工艺尺寸链中,A_3 也不在工序图上标注。

在一个尺寸链中,可以有两个或两个以上的组成环,可以没有减环,但不能没有增环。

当尺寸链环数较多,组成环性质难以判断时,可用"电流(箭头)法"判断增、减环性质。把尺寸链假想成一个回路,从其中的任意一环出发,顺时针(或逆时针)环绕回路一周,经过每一尺寸时按照经过的方向画上一个箭头。与封闭环箭头方向相反的环为增环,可用符号 $\overrightarrow{A_i}$ 表示;与封闭环箭头方向相同的环为减环,可用符号 $\overleftarrow{A_i}$ 表示。

封闭环、组成环(增环或减环)是对一个尺寸链来说的。某一尺寸在一个尺寸链中是组成环,而在另一个尺寸链中可能是封闭环。如尺寸 A_3,在设计尺寸链中,对 A_0 来说是组成环(减环),而在 H_1、H_3、A_3 组成的工艺尺寸链中,是封闭环。

2. 尺寸链的计算

由于航空、航天工业的特点,对产品的可靠性要求特别高,以及生产类型属于中、小批生产,因此一般常用极值法来解尺寸链,亦即按极限状态最不利的情况来进行计算。

(1) 尺寸链的计算公式

根据尺寸链的封闭性,封闭环的基本尺寸应等于各组成环基本尺寸的代数和,即

$$L_0 = \sum_{p=1}^{l} L_p - \sum_{q=l+1}^{m} L_q \tag{1-3}$$

式中:L_0——封闭环的基本尺寸;

p——增环;

q——减环;

m——组成环的环数;

l——增环环数。

由式(1-3)知,当增环都是最大尺寸,减环都是最小尺寸时,封闭环的尺寸是最大尺寸,即

$$L_{0\,max} = \sum_{p=1}^{l} L_{p\,max} - \sum_{q=l+1}^{m} L_{q\,min}$$

在相反的情况下,封闭环的尺寸应是最小尺寸,即

$$L_{0\,min} = \sum_{p=1}^{l} L_{p\,min} - \sum_{q=l+1}^{m} L_{q\,max}$$

封闭环的上偏差等于各增环的上偏差之和减去各减环的下偏差之和,即

$$\text{ES}_0 = \sum_{p=1}^{l} \text{ES}_p - \sum_{q=l+1}^{m} \text{EI}_q \tag{1-4}$$

封闭环的下偏差等于各增环的下偏差之和减去各减环的上偏差之和,即

$$\text{EI}_0 = \sum_{p=1}^{l} \text{EI}_p - \sum_{q=l+1}^{m} \text{ES}_q \tag{1-5}$$

式中:ES_0、EI_0——封闭环的上、下偏差;

ES_p、EI_p——增环的上、下偏差;

ES_q、EI_q——减环的上、下偏差。

式(1-3)~式(1-5)称为尺寸链计算方程,这三式表示的意义如下:

➢ 封闭环的基本尺寸等于各增环的基本尺寸之和减去各减环的基本尺寸之和。

➢ 封闭环的上偏差等于各增环的上偏差之和减去各减环的下偏差之和。

➢ 封闭环的下偏差等于各增环的下偏差之和减去各减环的上偏差之和。

由封闭环的极限尺寸(或上、下偏差)即可求出封闭环的公差:

$$\Delta f = F_{max} - F_{min} =$$

$$\sum_{p=1}^{l} L_{p\,max} - \sum_{q=l+1}^{m} L_{q\,min} - \left(\sum_{p=1}^{l} L_{p\,min} - \sum_{q=l+1}^{m} L_{q\,max}\right) =$$

$$\sum_{p=1}^{l} L_{p\,max} - \sum_{p=1}^{l} L_{p\,min} + \left(\sum_{q=l+1}^{m} L_{q\,max} - \sum_{q=l+1}^{m} L_{q\,min}\right) =$$

$$\sum_{p=1}^{l} \Delta l_p + \sum_{q=l+1}^{m} \Delta l_q = \sum_{k=1}^{m} \Delta l_k \tag{1-6}$$

式中：Δf——封闭环的尺寸公差；

Δl_p——增环的尺寸公差；

Δl_q——减环的尺寸公差；

Δl_k——组成环的尺寸公差。

式(1-6)表明，封闭环尺寸的公差等于各组成环尺寸公差之和。由此，当封闭环公差 Δf 为一定的条件下减少组成环的数目时，就可相应地增大各组成环的公差。

用尺寸链计算方程解尺寸链时，通常会遇到以下两种情况的计算：

① 已知全部组成环的极限尺寸，求封闭环的极限尺寸；

② 已知封闭环的极限尺寸，求组成环的极限尺寸。

第一种情况的计算简称正计算。一般用于检验、校核原设计尺寸的正确性。一个封闭环包括基本尺寸以及上、下偏差共三个未知数，由三个尺寸链计算方程进行计算，其结果是唯一确定的。

第二种情况的计算简称反计算。一般用于产品或制造过程的设计计算。由于需确定组成环的未知数一般多于计算方程的个数，因此常采用分配公差的方法。

分配公差可以有以下三种方法：

① 等公差值分配，即

$$\Delta l_p = \Delta l_q = \Delta f / m \tag{1-7}$$

这种方法的计算比较简单，但当各环的基本尺寸相差很大或各环要求不同时，这种方法就不合理。

② 等公差级分配，即各组成环的公差根据其基本尺寸的主要段落进行分配，并使组成环的公差符合

$$\Delta f \geqslant \sum_{p=1}^{l} \Delta l_p + \sum_{q=l+1}^{m} \Delta l_q \tag{1-8}$$

③ 组成环先按照尺寸的主、次分成两类，然后再按照等公差级进行公差的分配，并使组成环的公差符合式(1-8)的要求。

在计算过程中，若出现公差为零或负值，即该组成环不可能有公差，这在设计或制造过程中是不允许的。造成这种情况的原因是其余组成环的公差已等于或大于封闭环的公差。在这种情况下，必须重新确定组成环的公差，使其满足式(1-8)的要求；或改变原设计，以减少组成环的数目。

(2) 尺寸链的形式

① 按环的几何特征划分为长度尺寸链和角度尺寸链两种。

② 按其应用场合划分为装配尺寸链（全部组成环为不同零件的设计尺寸）、工艺尺寸链（全部组成环为同一零件的工艺尺寸）和设计尺寸链（全部组成环为同一零件的设计尺寸）。设计尺寸是零件图样上标注的尺寸，工艺尺寸是指工序尺寸、测量尺寸和定位尺寸等。

注意：零件图样上的尺寸不能标注成完全封闭的尺寸图形，应留有开口。

③ 按各环所处的空间位置划分为直线尺寸链、平面尺寸链和空间尺寸链。

尺寸链还可以分为基本尺寸链和派生尺寸链（后者指它的封闭环为另一尺寸链组成环的尺寸链），标量尺寸链和矢量尺寸链等[详见《尺寸链计算方法》(GB 5847—1986)]。

(3) 尺寸链的计算实例

例 1-1 试计算图 1-18 所示尺寸链的封闭环基本尺寸及上、下偏差。

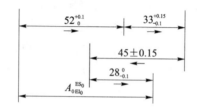

图 1-18 例 1-1 尺寸链

解 ① 用箭头法判断增减环性质：52、33、28 为增环，45 为减环。

② 列方程，求封闭环：

$$A_0 = 52 + 33 + 28 - 45 \tag{1-9}$$

$$ES_0 = (0.1 + 0.15 + 0) - (-0.15) \tag{1-10}$$

$$EI_0 = (0 - 0.1 - 0.1) - 0.15 \tag{1-11}$$

由式(1-9)得 $A_0 = 68$；

由式(1-10)得 $ES_0 = 0.4$；

由式(1-11)得 $EI_0 = -0.35$。

∴ $A_0 = 68^{+0.40}_{-0.35}$。

例 1-2 图 1-17(a)中，尺寸 A_1、A_2、A_3 分别为 $32_{-0.16}^{\ 0}$、$24^{+0.43}_{\ 0}$、5 ± 0.15，试计算 F_1 的尺寸大小及上、下偏差。

解 ① 根据尺寸链图判断增减环：32 为增环，5、24 为减环。

② 列尺寸链方程：

$$A_0 = 32 - (5 + 24) \rightarrow A_0 = 3$$
$$ES_0 = 0 - (-0.15 + 0) \rightarrow ES_0 = 0.15$$
$$EI_0 = -0.16 - (0.15 + 0.43) \rightarrow EI_0 = -0.74$$

∴ $A_0 = 3^{+0.15}_{-0.74}$。

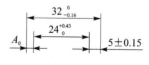

图 1-19 例 1-2 尺寸链

习题与思考题

1-1 什么是生产过程、工艺过程和工艺规程？

1-2 什么是工序、安装、装夹、工位和工步？

1-3 试分别选择图1-20所示四种零件的精、粗基准。其中图1-20(a)为齿轮简图，毛坯为模锻件，图1-20(b)为液压缸体零件简图，图1-20(c)为飞轮简图，图1-20(d)为主轴箱体简图，后三种零件毛坯均为铸件。

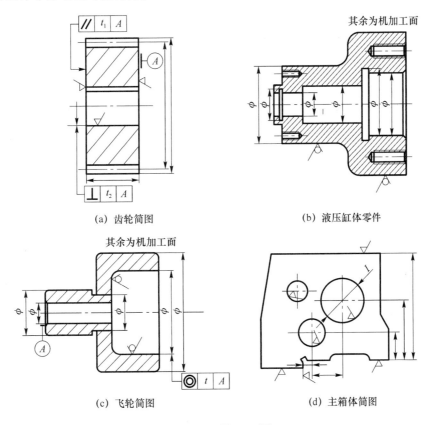

(a) 齿轮简图　　(b) 液压缸体零件

(c) 飞轮简图　　(d) 主箱体简图

图1-20　题1-3图

1-4 加工套筒零件，其轴向尺寸及有关工序简图如图1-21所示，试求工序尺寸L_1和L_2及其极限偏差。

1-5 加工小轴零件，其轴向尺寸及有关工序简图如图1-22所示，试求工序尺寸A和B及其极限偏差。

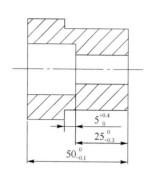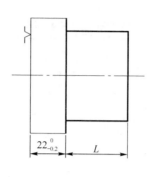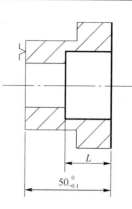

图 1-21　题 1-4 图

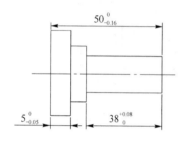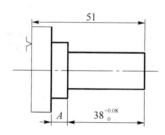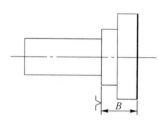

图 1-22　题 1-5 图

1-6　加工如图 1-23 所示轴套零件及其有关工序如下：

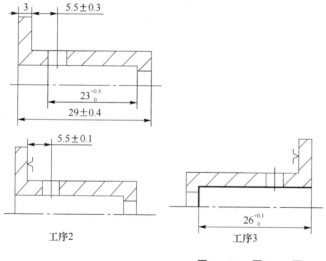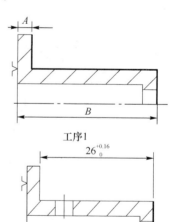

图 1-23　题 1-6 图

(1) 精车小端面外圆、端面及台肩。
(2) 钻孔。
(3) 热处理。
(4) 磨孔及底面。
(5) 磨小端外圆及台肩。

试求工序尺寸 A、B 及其极限偏差。

1-7 图1-24所示为齿轮轴截面图,要求保证轴径尺寸 $\phi 28^{+0.024}_{+0.008}$ 和键槽深 $t=4^{+0.16}_{0}$ mm $=(4+0.16)$ mm。其工艺过程如下:

(1) 车外圆至 $\phi 28^{\ 0}_{-0.10}$;
(2) 铣键槽槽深至尺寸 H;
(3) 热处理;
(4) 磨外圆至尺寸 $\phi 28^{+0.024}_{+0.008}$。

试求工序尺寸 H 及其极限偏差。

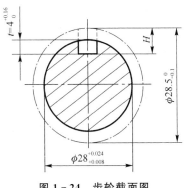

图1-24 齿轮截面图

1-8 加工如图1-25(a)所示的零件有关端面,要求保证轴向尺寸 $5^{\ 0}_{-0.1}$ mm、$50^{+0.4}_{0}$ mm 和 $25^{\ 0}_{-0.3}$ mm。图1-25(b)、(c)是加工上述有关端面的工序草图,试求工序尺寸 A_1、A_2、A_3 及其极限偏差。

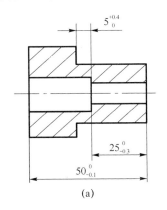 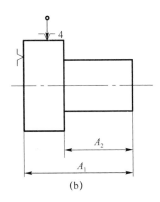 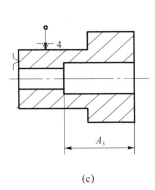

(a)　　　　　　　　　(b)　　　　　　　　　(c)

图1-25 题1-8图

1-9 如图1-26所示,减速器某轴结构的尺寸分别为 $A_1=40$ mm,$A_2=36$ mm,$A_3=4$ mm;要求装配后齿轮端部间隙 A_0 保持在 $0.10\sim 0.25$ mm,如选用完全互换法装配,试确定 A_1、A_2、A_3 的极限偏差。

1-10 图1-27所示为车床横刀架座后压板与床身导轨的装配图。为保证横刀架座在床身导轨上灵活移动,压板与床身下导轨面间间隙须保持在 $0.1\sim 0.3$ mm,如选用修配法装配,试确定图示修配环 A 与其他有关尺寸的基本尺寸和极限偏差。

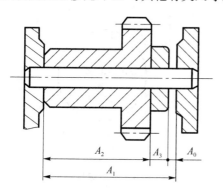

图 1-26 减速器某轴结构的尺寸

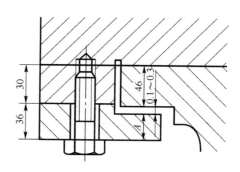

图 1-27 题 1-10 图

1-11 有一小轴,毛坯为热轧棒料,大量生产的工艺路线为粗车—精车—淬火—粗磨—精磨,外圆设计尺寸为 $\phi 30_{-0.013}^{0}$,已知各工序的加工余量和经济精度,试确定各工序尺寸及其偏差、毛坯尺寸及粗车余量,并填入下表:

工序名称	工序余量	经济精度	工序尺寸及偏差	工序名称	工序余量	经济精度	工序尺寸及偏差
精磨	0.1	0.013(IT6)		粗车	6	0.21(IT12)	
粗磨	0.4	0.033(IT8)		毛坯尺寸		±1.2	
精车	1.5	0.084(IT10)					

第 2 章　工艺路线设计

设计工艺过程时,首先要设计工艺路线,然后再详细进行工序设计。这是两个相互关联的过程,应反复进行综合分析。具体可分两步进行:第一步拟定零件从毛坯到成品零件所经过的整体工艺路线,这一步是零件加工的总体方案设计;第二步拟定各个工序的具体内容,包括给出工序尺寸及其公差,选择所用的机床及工艺装备,规定切削用量及时间定额,并作出工序图,即工序设计。

设计工艺路线,是设计工艺过程的总体布局。其任务是确定工序的内容、数目和顺序,因此要分析影响工序的各种因素。拟定工艺路线时所涉及的问题主要是选择定位基准,选择各表面的加工方法,安排加工顺序,划分加工阶段。

由于零件在构造上有不同要求,结合成批生产的条件,故应从以下几方面进行零件工艺分析,以保证零件在生产中的质量、生产率和经济性的要求:

① 对零件图进行工艺分析,了解零件的作用、材料性能、结构特点、对各加工表面的加工要求;
② 根据生产类型及材料特性选择毛坯类型;
③ 合理地选择加工方法,以保证经济地获得精度高、构形复杂的表面;
④ 为适应零件刚性差、精度要求高的特点,将工艺过程划分成几个阶段进行加工,以逐步保证技术要求;
⑤ 根据集中或分散的原则,合理地将各表面的加工组合成若干工序,以利于保证位置精度和提高生产率;
⑥ 合理地选择基准,以利于保证所要求的位置精度;
⑦ 正确地安排热处理工序和辅助工序,以保证获得规定的机械性能,同时有利于改善材料的加工性和减小变形对精度的影响。

以上工艺措施,由于具体生产情况的不同,影响也不一样,因此,必须进行具体分析。

2.1　零件图结构的工艺分析

零件图是制造零件的主要技术依据。在设计工艺路线之前,首先需要进行仔细的工艺分析,了解零件的作用、材料性能、结构特点,以及对各加工表面的加工要求、与零件质量有关的各表面间的相互位置要求和尺寸联系、热处理要求及其他规定的技术要求。

1. 零件结构工艺性的概念

零件结构工艺性是指所设计的零件在满足使用要求的前提下制造的可行性和经济性。它包括零件制造过程中的工艺性,如铸造、锻造、冲压、焊接、热处理和切削加工等工艺性。由此可见,零件的结构工艺性涉及面很广,具有综合性,必须全面综合地分析。在制定机械加工工艺规程时,主要进行零件切削加工工艺性分析。工艺分析的目的有两个:一是审查零件图是否完整、正确、合理,如有问题,应会同有关设计人员共同商量,予以必要的修改;二是对零件的结构工艺性进行分析,只有全面深入地了解零件后,才能着手制定工艺规程,才可能制定出合理的工艺规程。

在不同的生产条件下,同样结构的零件制造的可行性和经济性可能不同。例如,图2-1所示的双联斜齿轮,两齿圈之间的轴向距离很小,因而小齿圈不能用滚齿加工,只能用插齿加工;又因插斜齿需专用螺旋导轨,因而它的结构工艺性不好。若能采用电子束焊,先分别滚切两个齿圈,再将它们焊为一体,这样的制造工艺就较好,且能缩短齿轮间的轴向尺寸。因此可见,结构工艺性要根据具体的生产条件来分析,它具有相对性。

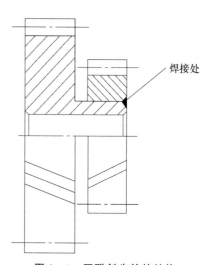

图2-1 双联斜齿轮的结构

在进行工艺性分析时,一般要对零件图进行以下几方面的分析。

(1) 零件主要表面的要求

零件的主要表面是指零件与其他零件相配合的表面,或是直接参加机器工作过程的表面;除主要表面以外的表面,称为次要表面。

主要表面的本身精度要求一般都比较高,而且零件的构形、精度以及材料的加工等问题,都会在主要表面的加工中反映出来。主要表面的加工质量对零件工作的可靠性与寿命有很大的影响。因此,在设计工艺路线时,首先要考虑如何满足主要表面的要求。

(2) 重要的技术要求

重要的技术要求一般指表面的形状精度和位置关系精度、热处理、表面处理、无损探伤及其他特种检验等。

(3) 表面位置尺寸的标注方式

在零件图上,表面间的位置尺寸的标注方式有三种,即坐标式、链接式和组合式,如图2-2所示。位置尺寸的标注方式,在一定程度上决定加工的顺序。

坐标式标注法(见图2-2(a))的特点是尺寸都从一个表面(表面A)开始标注,因此,应先加工表面A,而其他表面的加工顺序就可视情况而定。

链接式标注法(见图2-2(b))的特点是尺寸都是前后衔接的,因此,各表面的加工顺序应按尺寸标注的次序进行。

组合式标注法(见图2-2(c))是由坐标式和链接式组合而成的。绝大多数零件采用这种方式标注尺寸。这种标注法的加工顺序可以是先加工 A 面,然后任意加工 B、C 和 F 面,而 D 面应在 C 面加工完成后进行。

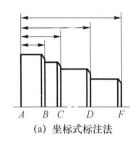 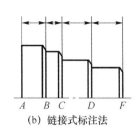 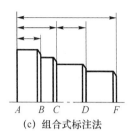

(a) 坐标式标注法　　　　(b) 链接式标注法　　　　(c) 组合式标注法

图 2-2　位置尺寸标注方法

2. 零件结构要素的工艺性

零件要素是指组成零件的各加工表面。零件要素的工艺性会直接影响零件的工艺性。零件要素的切削加工工艺性归纳起来有以下三点要求:

- 各要素的形状应尽量简单,面积应尽量小,规格应尽量标准和统一;
- 能采用普通设备和标准刀具进行加工,且刀具易进入、退出和顺利通过加工表面;
- 加工面与非加工面应明显分开,加工面之间也应明显分开。

最常见的零件结构要素的工艺性实例如表 2-1 所列,供分析时参考。

表 2-1　最常见的零件结构要素的工艺性实例

主要要求	结构工艺性		工艺性好的结构的优点
	不好	好	
加工面积应尽量小			减少加工量;减少材料及切削工具的消耗量
钻孔的入端和出端应避免斜面			避免刀具损坏;提高钻孔精度;提高生产率

续表 2-1

主要要求	结构工艺性		工艺性好的结构的优点
	不 好	好	
避免斜孔			简化夹具结构；减少孔的加工量
空的位置不能太近		$S > \dfrac{D}{2}$	可采用标准刀具和量具；提高加工精度
槽与沟的表面不应与其他加工面重合		$h > 0.3 \sim 0.5$	减少加工量；改善刀具工作条件；在已调整好的机床上有加工的可能性

2.2 毛坯的选择

在制定零件机械加工工艺规程前，还要确定毛坯，包括选择毛坯类型及制造方法，确定毛坯精度。零件机械加工的工序数量、材料消耗和劳动量，在很大程度上都与毛坯有关。例如，毛坯的形状和尺寸越接近成品零件，即毛坯精度越高，零件的机械加工劳动量就越小，材料消耗也越少，从而可提高机械加工的生产率，并降低成本，但同时毛坯的制造费用也提高了。因此，确定毛坯要从机械加工和毛坯制造两方面综合考虑，以求得到最佳效果。

毛坯类型有铸、锻、压制、冲压、焊接、型材和板材等。各类毛坯的特点和制造方法可参阅各种机械加工工艺手册。确定毛坯时要考虑的因素如下：

① 零件的材料及力学性能。零件的材料选定后，毛坯的类型也就大致确定了。例如，材料是铸铁，就选铸造毛坯；材料是钢材，当力学性能要求高时可选锻件，当力学性能要求低时可选型材或铸钢。

② 零件的形状及尺寸。形状复杂的毛坯，常采用铸造的方法。薄壁零件不可用砂型铸造，尺寸大的铸件宜用砂型铸造，中、小型零件可用较先进的铸造方法。常见一般用途的钢质阶梯轴零件，如各台阶的直径相差不大时可用棒料，各台阶的直径相差较大时宜用锻件。尺寸大的零件，因受设备限制一般用自由锻；中、小零件可选用模锻。形状复杂的钢质零件不宜用自由锻。

③ 生产类型。大量生产应选精度和生产率都比较高的毛坯制造方法，用于毛坯制造的高昂费用可由材料消耗的减少和机械加工费用的降低来补偿，如铸件应采用金属模机器造型或精密铸造，锻件应采用模锻，型材应采用冷轧和冷拉型材等；单件小批生产则应采用木模手工造型或自由锻。

④ 生产条件。确定毛坯必须结合具体生产条件，如现场毛坯制造的实际水平和能力、外协的可能性等。有条件时，应积极组织地区专业化生产，统一供应毛坯。

⑤ 充分考虑利用新工艺、新技术和新材料的可能性。为节约材料和能源，随着毛坯制造向专业化生产发展，目前毛坯制造方面的新工艺、新技术和新材料的发展很快。例如，精铸、精锻、冷轧、冷挤压、粉末冶金和工程塑料等，在机械中的应用日益广泛。应用这些方法后，可大大减小机械加工量，有时甚至可不进行机械加工或少量的机械加工，其经济效果非常显著。

2.3 加工方法的选择

零件各表面加工方法的选择，不仅影响加工质量，而且影响生产率和制造成本。在选择加工方法时，必须先了解加工方法的过程、工艺特点和应用范围。

加工同一类型的表面，由于具体条件不同，可以有很多种加工方法。影响表面加工方法选择的因素有表面的形状、尺寸、精度和粗糙度以及零件的整体构形、质量、材料和热处理等。另外，产量和生产条件也是影响表面加工方法选择的基本因素。

1. 表面形状和尺寸

工件表面的形状应与所选加工方法的成型特征相适应。如孔，可用钻、镗等加工方法；而形状不规则的凸轮的型面，则无法采用无心磨削等方法。尺寸的大小也影响加工方法的选择，如小孔，可选择钻、铰、拉削等加工方法；而大尺寸的孔，则一般采用镗和磨削等加工方法。

2. 表面经济加工精度与粗糙度

加工过程中，影响精度的因素很多。每种加工方法在不同的工作条件下，所能达到的精度会有所不同。例如,精细的操作,选择合理的切削用量,就能得到较高的精度,但这样会降低生产率,增加成本;反之,增加切削用量可提高生产效率,而且成本也能降低,但会增加加工误差而使精度下降。任何一种加工方法,在正常生产条件下(采用符合质量标准的设备和工艺装备,以及标准技术等级的工人,不延长加工时间)所能达到的加工精度,称为经济加工精度。经济表面粗糙度的概念类同于经济精度的概念。工件表面加工方法的选择,应与经济加工精度相适应。如精度为IT10,表面粗糙度为$Ra1.6$的外圆表面,可用半精车的方法;精度为IT5,表面粗糙度为$Ra0.1$的外圆,可选用精磨的方法。表2-2~表2-4分别列出了外圆柱面、孔和平面等典型表面的加工方法及其经济精度和经济表面粗糙度。

表2-2 外圆柱面加工方法

序号	加工方法	经济精度（以公差等级表示）	经济表面粗糙度 Ra 值$/\mu m$	适用范围
1	粗车	IT11~IT13	12.5~50	适用于淬火钢以外的各种金属
2	粗车—半精车	IT8~IT10	3.2~6.3	
3	粗车—半精车—精车	IT7~IT8	0.8~1.6	
4	粗车—半精车—精车—滚压(或抛光)	IT7~IT8	0.025~0.2	
5	粗车—半精车—磨削	IT7~IT8	0.4~0.8	主要用于淬火钢,也可用于未淬火钢,但不宜加工有色金属
6	粗车—半精车—粗磨—精磨	IT6~IT7	0.1~0.4	
7	粗车—半精车—粗磨—精磨—超精加工(或轮式超精磨)	IT5	0.012~0.1(或$Rz0.1$)	
8	粗车—半精车—精车—精细车(金刚车)	IT6~IT7	0.025~0.4	主要用于要求较高的有色金属加工
9	粗车—半精车—粗磨—精磨—超精磨(或镜面磨)	IT5以上	0.006~0.025(或$Rz0.05$)	极高精度的外圆加工
10	粗车—半精车—粗磨—精磨—研磨	IT5以上	0.006~0.1(或$Rz0.05$)	

表2-3 孔加工方法

序号	加工方法	经济精度（以公差等级表示）	经济表面粗糙度 Ra 值$/\mu m$	适用范围
1	钻	IT11~IT13	12.5	加工未淬火钢及铸铁的实心毛坯,也可用于加工有色金属。孔径小于15~20 mm
2	钻—铰	IT8~IT10	1.6~6.3	
3	钻—粗铰—精铰	IT7~IT8	0.8~1.6	
4	钻—扩	IT10~IT11	6.3~12.5	加工未淬火钢及铸铁的实心毛坯,也可用于加工有色金属。孔径大于15~20 mm
5	钻—扩—铰	IT8~IT9	1.6~3.2	
6	钻—扩—粗铰—精铰	IT7	0.8~1.6	
7	钻—扩—机铰—手铰	IT6~IT7	0.2~0.4	

续表 2-3

序 号	加工方法	经济精度（以公差等级表示）	经济表面粗糙度 Ra 值/μm	适用范围
8	钻—扩—拉	IT7～IT9	0.1～1.6	大批大量生产（精度由拉刀的精度而定）
9	粗镗（或扩孔）	IT11～IT13	6.3～12.5	除淬火钢外的各种材料，毛坯有铸出孔或锻出孔
10	粗镗（粗扩）—半精镗（精扩）	IT9～IT10	1.6～3.2	
11	粗镗（粗扩）—半精镗（精扩）—精镗（铰）	IT7～IT8	0.8～1.6	
12	粗镗（粗扩）—半精镗（精扩）—精镗—浮动镗刀精镗	IT6～IT7	0.4～0.8	
13	粗镗（扩）—半精镗—磨孔	IT7～IT8	0.2～0.8	主要用于淬火钢，也可用于未淬火钢，但不宜用于有色金属
14	粗镗（扩）—半精镗—粗磨—精磨	IT6～IT7	0.1～0.2	
15	粗镗—半精镗—精镗—精细镗（金刚镗）	IT6～IT7	0.05～0.4	主要用于精度要求高的有色金属加工
16	钻—(扩)—粗铰—精铰—珩磨；钻—(扩)—拉—珩磨；粗镗—半精镗—精镗—珩磨	IT6～IT7	0.025～0.2	精度要求很高的孔
17	以研磨代替上述方法中的珩磨	IT5～IT6	0.006～0.1	

表 2-4 平面加工方法

序 号	加工方法	经济精度（以公差等级表示）	经济表面粗糙度 Ra 值/μm	适用范围
1	粗车	IT11～IT13	12.5～50	端面
2	粗车—半精车	IT8～IT10	3.2～6.3	
3	粗车—半精车—精车	IT7～IT8	0.8～1.6	
4	粗车—半精车—磨削	IT6～IT8	0.2～0.8	
5	粗刨（或粗铣）	IT11～IT13	6.3～25	一般不淬硬平面，端铣表面粗糙度 Ra 值较小
6	粗刨（或粗铣）—精刨（或精铣）	IT8～IT10	1.6～6.3	
7	粗刨（或粗铣）—精刨（或精铣）—刮研	IT6～IT7	0.1～0.8	精度要求较高的不淬硬平面，批量较大适宜采用宽刃精刨方案
8	以宽刃精刨代替上述刮研	IT7	0.2～0.8	
9	粗刨（或粗铣）—精刨（或精铣）—磨削	IT7	0.2～0.8	精度要求高的淬硬平面或不淬硬平面
10	粗刨（或粗铣）—精刨（或精铣）—粗磨—精磨	IT6～IT7	0.025～0.4	
11	粗铣—拉	IT7～IT9	0.2～0.8	大量生产，较小的平面（精度视拉刀精度而定）
12	粗铣—精铣—磨削—研磨	IT5 以上	0.006～0.1（或 Rz0.05）	高精度平面

3. 选择加工方法须考虑的因素

(1) 工件材料

例如,淬火钢的精加工要用磨削,有色金属的精加工为避免磨削时堵塞砂轮,则要用高速精细车或精细镗。

(2) 工件的构形与质量

某些工件的表面,不能只从表面本身的特性来考虑加工方法的选择。如通孔,可以用铰、拉等加工方法;若孔有阻挡或是盲孔,则不能用铰或拉的方法,而只能选用精车或磨削的方法来加工。工件的尺寸与质量对加工方法的选择也有一定的影响。当尺寸和质量很大时,常采用专用的自制设备进行加工;另外,大质量的工件要进行高速加工时,一般采用刀具做高速运动。

(3) 生产类型

选择加工方法时,不但要保证产品的质量,还要考虑生产率和经济性。当大批大量生产时,一般采用高效先进的加工方法;在单件小批生产中,大多采用通用设备和常规的加工方法。近年来,为提高单件小批生产的生产率和缩短生产周期,以适应产品品种多、变化快的特点,常采用数控机床、加工中心机床等近代加工方法。

(4) 现场生产条件

选择加工方法,应基于现场条件。在充分利用现有设备的同时,应对现有设备进行技术改造,以促进生产的发展。

4. 加工方法的顺序安排

加工方法通常包括机械加工工序、热处理工序和辅助工序等。工序安排得科学与否将直接影响零件的加工质量、生产率和加工成本。

切削加工工序通常按以下原则安排:

(1) 先主后次

首先加工主要表面,然后加工次要表面。

在选择加工方法时,首先应选定主要表面的最后加工方法;按照零件图上的精度要求,确定保证该形面精度的加工方法。然后选定最后加工以前的一系列准备工序的加工方法;准备工序的精度,按照经济加工精度确定加工方法。最后才选定次要表面的加工方法;按照零件图上次要表面的精度要求来确定加工方法。

(2) 先粗后精

当加工零件精度要求较高时都要经过粗加工、半精加工、精加工阶段,如果精度要求更高,则还应包括光整加工的几个阶段。

(3) 基准先行原则

作为精基准的表面应安排在起始工序先进行加工,为后续工序的加工提供精基准。用作精基准的表面应先加工。任何零件的加工过程总是先对定位基准进行粗加工和精加工。例如,轴类零件总是先加工中心孔,再以中心孔为精基准加工外圆和端面;箱体类零件总是先加工定位用的平面及两个定位孔,再以平面和定位孔为精基准加工孔系和其他平面。

(4) 先面后孔

对于箱体、支架和连杆等工件,应先加工平面后加工孔。因为平面的轮廓平整,安放和定位比较稳定可靠,故若先加工好平面,则可以平面定位加工孔,保证平面与孔的位置精度。

(5) 内外交叉

加工时,不能先把内表面加工完后再加工外表面,或是先把外表面加工完后再加工内表面。如果这样做,则在加工内表面或外表面时,原来已加工好的精度会因夹紧力、切削力及内应力等因素的作用而被破坏。如先粗加工内表面,再粗加工外表面,反过来再精加工内表面和精加工外表面,这样内外交叉加工有利于保证和提高加工质量。

2.4 加工阶段的划分

1. 加工阶段的划分

工艺路线按工序性质的不同,一般可划分为几个加工阶段,即粗加工阶段、半精加工阶段、精加工阶段和光整加工阶段。各加工阶段的主要任务如下:

① 粗加工阶段 其主要任务是从坯料上切除大部分余量,其特点是加工余量大。因此,切削力、切削热、夹紧力等都比较大,加工精度不高(IT12级左右)。此阶段的主要问题是如何提高生产率。

② 半精加工阶段 这是在粗加工和精加工之间所进行的切削加工过程。次要表面达到零件图要求,为主要表面精加工做准备。

③ 精加工阶段 其主要任务是达到一般的技术要求(主要是保证主要表面的加工质量)。其特点是加工余量较小,加工精度较高。此阶段的主要问题是如何保证加工质量。

④ 光整加工阶段 精加工后,从工件上不切除或切除极薄金属层,用以获得很光洁的表面或强化其表面的加工过程。一般不用来提高位置精度。

在毛坯余量特别大的情况下,有时在毛坯车间还进行去黑皮加工(荒加工)。划分加工阶段的主要目的是零件按阶段依次进行加工,有利于消除或减小变形对精度的影响。一般说来,粗加工切除的余量大,切削力、切削热以及内应力重新分布等因素引起工件的变形较大。半精加工时余量较小,工件的变形也相对减小。精加工时的变形就更小。因此,将工艺路线划分阶段进行加工,可避免发生已加工表面的精度遭到破坏的现象。

2. 划分加工阶段的作用

① 保证加工质量。划分加工阶段后,因粗加工的加工余量大、切削力大等因素造成的加工误差,可通过半精加工和精加工逐步得到纠正,以保证加工质量。

② 全部表面先进行粗加工,便于及时发现毛坯缺陷,避免浪费。

③ 有利于合理使用设备,有利于车间设备的布置。粗加工要求使用功率大、刚性好、生产率高但精度要求不高的设备;精加工则要求使用精度高的设备。

④ 便于安排热处理工序,使冷、热加工工序配合得更好。

⑤ 精加工、光整加工安排在最后,可保护精加工和光整加工过的表面少受磕碰损坏。

3. 划分加工阶段的原则

工艺路线是否要划分阶段,以及划分的严格程度,主要由工件的变形对精度的影响程度来确定。一般应遵守以下原则:

① 如果工件需要进行热处理,则至少要把工艺路线分为两个阶段。主要是为了便于合理安排热处理。

② 零件刚性差时要划分阶段,这是因为零件的刚性差,易变形。

③ 零件的加工精度要求高时要划分阶段。

在机械加工过程中,对加工质量要求不高、工件刚度足够、毛坯质量高和加工余量小的工件可以不划分加工阶段。如自动机床上加工的零件;装夹、运输不便的重型零件,在一次装夹中完成粗加工和精加工,但需在粗加工后,重新以较小的夹紧力夹紧。划分阶段进行加工,不可避免地要增加工序的数目,从而使加工劳动量增大,成本增加。

工艺路线的划分阶段,是针对整个工件的加工过程而言的,不能以某一表面的加工或某一工序的性质来判断。如工件的定位基准,在半精加工阶段(甚至在粗加工阶段)就需要加工得很准确;在精加工阶段,有时也因尺寸标注的关系,安排某些小表面的半精加工工序,如小孔、小槽等。

在确定了阶段以后,就可确定各表面加工方法的大致顺序。

2.5 工序的集中与分散

工艺路线划分阶段后,就可将同一阶段中各表面的加工按照相应要求(加工方法、先后顺序、精度要求)组合成若干个工序。组合时可采用集中或分散的原则。

工序集中原则,是使每个工序包括尽可能多的内容,因而使总的工序数目减少;工序分散原则正好相反,就是将零件各个表面的加工分得很细,工序多,工艺路线长,而每个工序所包含的工步内容却很少。因此,工序的集中与分散,主要影响工序的数目和内容的繁简程度。

1. 工序集中的特点

① 有利于采用高效的专用工装和专用设备,特别是数控机床和加工中心机床等,可提高产品的质量和生产率;
② 减少了工序数目,缩短了工艺路线,简化了生产的计划工作和组织工作;
③ 减少了设备数目,从而节省了车间生产的面积;
④ 减少了安装次数,缩短了工件的运输路线,有利于提高生产率并缩短生产周期;
⑤ 设备成本费高,调整和维修费时,生产准备时间较长,转换新产品生产也比较困难。

2. 工序分散的特点

① 设备和工艺装备简单,调整和维修比较简单,便于工人掌握生产技术;
② 生产准备工作量小,产品变换容易;
③ 有利于选用最合理的切削用量,减少机动时间;
④ 设备数量多,生产面积大,生产组织工作复杂,生产周期长。

3. 两种工序原则的选用

以上两种工序原则各有特点,因此在加工过程中均可采用。这两种原则的选用以及集中、分散程度的确定,一般需考虑下述因素:

① 生产量的大小。通常情况下,生产量较小(单件小批生产)时,为简化计划、调整等工作,选取工序集中原则较便于组织生产。当生产量很大(大批大量生产)时,选用分散原则有利于组织流水生产和提高生产率。
② 工件的尺寸和质量。对尺寸和质量较大的工件(如本体等),由于安装和运输困难,一般宜采用工序集中原则组织生产。
③ 工艺设备的条件。工序集中,则工序内容复杂,需要用高效和先进的设备,才能获得较高的生产率。

另外,还必须指出两点:

① 工序集中,有很多表面在一个工序中加工,在一次安装的条件下加工,可以获得较高的位置精度。
② 目前,国内外都在发展高效和先进的设备,在生产自动化基础上的工序集中,是机械加工的发展方向之一。

2.6 基准的选择

在制定工艺线路时,重要问题之一是要考虑如何保证位置精度。

零件图中通过设计基准、设计尺寸来表达各表面的位置要求。在加工时是通过工序基准及工序尺寸来保证这些位置要求的。而工序尺寸方向上的位置,是由定位基准来确定的。加工后工件的位置精度则是通过测量基准来检验的。

因此,基准的选择主要是研究加工过程中各表面的位置精度要求及其保证方法。

2.6.1 工序基准的选择

零件上各个表面的位置精度,是通过一系列工序加工后获得的。这些工序的顺序和工序尺寸的大小、标注方式是与零件图上的要求直接相关的。

图 2-3 所示为某轴承套的有关轴向尺寸的要求。四个轴向端面 A、B、C、D 由三个设计尺寸进行联系。其中,端面 B 是轴向主设计基准。

这些要求是需要通过一系列工序的加工来保证的。图 2-4 所示为加工此轴承套的最后四个加工工序。

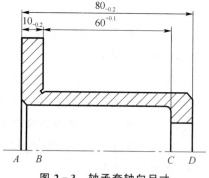

图 2-3 轴承套轴向尺寸

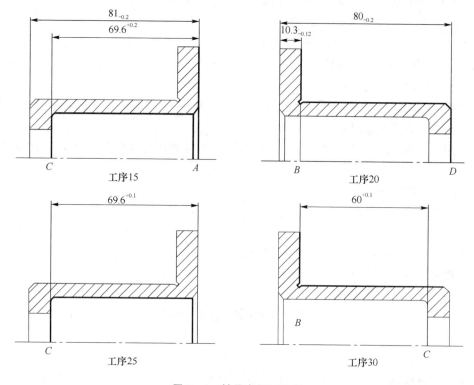

图 2-4 轴承套加工工序

工序 30 是磨削外圆及端面,工序 25 是磨削内孔及端面,工序 20 是半精车外圆及端面,工序 15 是半精车端面及内孔。

这些工序的工序尺寸间的关系如图 2-5(a)所示。图中,尺寸的编号由最后一个工序开始往前依次标定。尺寸线上的箭头代表加工面,而另一端小圆点代表工序基准。

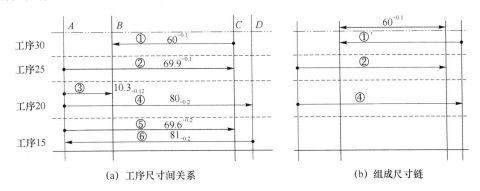

(a) 工序尺寸间关系　　　　(b) 组成尺寸链

图 2-5　轴承套加工时的工序尺寸

工序 30 中的①号尺寸直接保证了设计尺寸 $60^{+0.1}$,称工序 30 为 $60^{+0.1}$ 这一设计尺寸的最终工序。同理,工序 20 是设计尺寸 $80_{-0.2}$ 的最终工序。除最终工序之外,其他工序均称为中间工序。

在最终工序中,工序尺寸(包括互相位置关系)若要直接按零件图上的有关位置尺寸进行标注,则工序基准必须与设计基准重合。

在工序 30 中 B 表面的工序基准与设计基准,以及工序 20 中 D 表面的工序基准与设计基准,都分别是重合的。所以,工序图上的工序尺寸可以直接按零件图上的尺寸来标注。

若在工序 30 中,B 表面的工序基准取在 D 面上,在 B、D 表面间是没有设计尺寸的,所以这两表面间的尺寸①′要通过尺寸链的换算才能得到。但由尺寸链原理可知,换算后的工序尺寸公差必然要比直接按零件图尺寸标注时小,即公差要压缩(见图 2-5(b))。工序 30 的工序尺寸①′,以及工序 25 的工序尺寸②,工序 20 的工序尺寸④与封闭环(零件图尺寸 $60^{+0.1}$)组成一尺寸链。因此,这三个工序尺寸的公差不能大于 0.1,否则就有报废的可能。这就大大提高了对加工的要求,从而严重地影响了加工的经济性。

另外,被加工表面的位置要通过测量工序尺寸来检验。因此,选择工序基准时,应考虑测量方便,并使测量工具尽量简单。

有时为了测量方便,工序基准不能与设计基准重合。如图 2-6 所示,图(a)为某型发动机压气机盘零件图的部分尺寸要求,图(b)为加工外形表面的最终工序简图。

对端面 D 来说,设计基准是 A 面,而该工序径向用 $\phi 58.8_{-0.044}$ 的外圆定位,轴向用 B 表面定位,并用轴向夹紧;若选用 A 面作为工序基准,则测量比较困难。所以,选用 B 表面作为

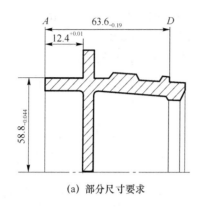
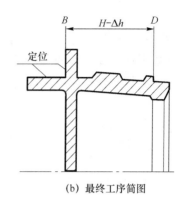

(a) 部分尺寸要求　　　　　　　　(b) 最终工序简图

图 2-6　工序基准的选择

工序基准。此时,工序基准和设计基准不重合,因而零件图就没有与 $H-\Delta h$ 相对应的尺寸,必须通过 $63.6_{-0.19}$ 等尺寸进行换算。

另外,在最终工序选择工序基准时,会遇到多尺寸保证问题。

如轴承套(见图 2-3)凸缘厚度尺寸 $10_{-0.2}$ 是 A、B 两表面间的距离,对这一位置尺寸来说,最终工序也是图 2-4 中的工序 30。所以,当 B 表面加工后,不但要保证尺寸 $60^{+0.1}$,而且还要保证零件图上尺寸 $10_{-0.2}$ 的要求。这就导致了多尺寸保证问题。

由于在加工过程中,一个加工表面在同一方向上只能标注一个工序尺寸,因此多尺寸保证一定会有尺寸换算,以使其他的尺寸要求得以间接保证。如在图 2-4 的工序 30 中,标注尺寸 $60^{+0.1}$,而 $10_{-0.2}$ 是通过包括该工序尺寸在内的有关尺寸链换算来间接保证的。

多尺寸保证,实质上就是工序基准和设计基准不重合。因为加工 B 面时,对尺寸 $10_{-0.2}$ 所联系的 A 表面来说,也是设计基准,而工序基准又不选用 A 面,所以也就带来了间接保证问题。

在多尺寸保证的情况下,工序基准选择时,应直接保证公差最小的设计尺寸。以使其他间接保证的设计尺寸的公差较大,从而使组成尺寸链的各组成环能分配到较大的公差。这样,加工就比较简单,经济性也较好。

综上所述,最终工序的工序基准选择原则如下:
① 工序基准与设计基准重合,以避免尺寸换算和压缩公差;
② 便于作测量基准,使其测量方便和测具简单;
③ 多尺寸保证时,应直接保证公差最小的设计尺寸。

对于中间工序,由于被加工表面的位置尚未达到零件图的要求,所以也就没有设计基准问题,亦即工序基准选择时没有与设计基准重合的问题。但是,中间工序的工序基准的选择,对整个工艺过程的经济性和生产率会有很大影响。

中间工序的工序尺寸,有些是与间接保证零件图上设计尺寸有关的,即需要参加间接保证某一设计尺寸的尺寸链计算。另一些是无关尺寸,即不需要参加尺寸链计算。

在图 2-5 所示的工序 25 中,$69.9^{+0.1}$ 是工序尺寸,表面 C 相对于表面 B 的位置要求来说,是中间工序尺寸,但这个尺寸要参与保证设计尺寸 $10_{-0.2}$ 的尺寸链。假如加工时的工序基准取在 A 面,则尺寸链如图 2-7(a)所示,若工序基准取在 B 面,则尺寸链如图 2-7(b)所示(尺寸②′为工序尺寸)。

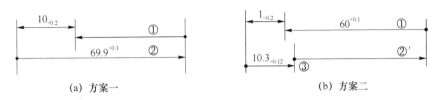

(a) 方案一　　　　　　　　　(b) 方案二

图 2-7　两种尺寸链方案

当工序基准取在 A 面时,保证设计尺寸 $10_{-0.2}$ 的尺寸链组成环是尺寸①和②。此时,这两个尺寸的公差之和可以是 0.2。当工序基准取在 B 面时,尺寸链的组成环将是尺寸①、②′和③,所以,这三个尺寸公差之和不能超过 0.2。这样,每个工序尺寸的公差都会缩小,从而使加工困难,成本增加。

另外,工序基准的选择,还要影响切除余量的变化量。

如工序 30 磨端面时,磨削去除的最大余量及最小余量,是由尺寸①、②和③来决定的。当尺寸①、③做成最大,尺寸②做成最小时,切除的将是最大余量;反之,是最小余量,如图 2-8(a)所示。

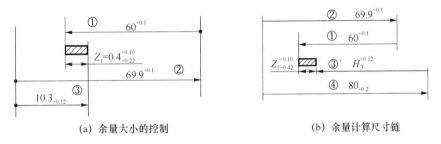

(a) 余量大小的控制　　　　　　　　　(b) 余量计算尺寸链

图 2-8　工序基准选择与余量变化

由计算可知,最大余量为 0.5,最小余量为 0.18,余量的变化是 0.32。这个变化量的数值,就是尺寸①、②和③的公差之和。

若在工序 20 中,加工端面 B 的工序基准不取在 A 面,而是取在 D 面,则在工序 30 加工端面 B 时,磨削的余量变化将由尺寸①、②、③′和④来确定。设尺寸③′的公差仍为 0.12,则余量的变化可由尺寸链方程计算(见图 2-8(b)):

$$\Delta Z_{1s}=0.1+0-0-0=0.1$$
$$\Delta Z_{1x}=0+(-0.2)-0.1-0.12=-0.42$$

余量变化量为
$$\delta_1=\Delta Z_{1s}-\Delta Z_{1x}=0.52$$

由此可知,工序基准的选择,将会影响余量的变化。

一般说来,余量的变化,对粗加工和半精加工的影响较小。而对精加工来说,尤其是端面的磨削,则对生产率有很大的影响。因此,一般在制定工艺规程时,只对精加工、半精加工进行余量的校核。

由以上分析可知,中间工序的工序基准选择,同样会影响产品的质量、生产率和经济性。所以,中间工序的工序基准选择原则如下:

① 当工序尺寸参与间接保证零件的设计尺寸时,要使有关尺寸链的环数少;
② 要使精加工余量的变化量小;
③ 便于作测量基准,使其测量方便且测具简单。

在选择工序基准时,不论是最终工序还是中间工序,都不能只考虑一个尺寸或一个工序,应该对整个加工过程进行分析。在一个零件上,各表面的位置是通过一组设计尺寸(或位置关系)来确定的。在加工过程中,各加工表面的位置也是通过一组工序尺寸(或位置关系)来保证的,如图 2-9 所示。

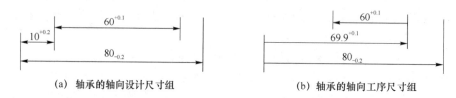

(a) 轴承的轴向设计尺寸组　　　　(b) 轴承的轴向工序尺寸组

图 2-9　设计尺寸与工序尺寸

综上,在选择工序基准时,应使工序尺寸组与设计尺寸组相适应,即不仅要保证全部设计尺寸的要求,而且要具有良好的工艺性,以使加工方便,从而提高其生产率和经济性。

2.6.2　定位基准的选择

在制定零件的机械加工工艺规程时,正确选择定位基准,对保证零件的加工精度,合理安排加工顺序有着至关重要的影响。定位基准有粗基准和精基准之分。用未加工的毛坯表面作为定位基准,称为粗基准;用加工过的表面作为定位基准,称为精基准。

1. 粗基准的选择

粗基准选择得是否合理对以后工序的加工质量有很大影响。因此,在选择粗基准时,必须从零件加工的全过程来考虑。所考虑的主要问题有两个:一是以后各加工面余量的分配;二是加工面与非加工面的相互位置要求。具体的可按下列原则选择:

(1) 不加工表面作为粗基准

若一个零件上只有一个表面不加工,则选该表面作为粗基准;若一个零件上同时有多个非加工面,则应选择一个比加工表面位置精度要求更高的非加工表面作为粗基准。这样,就可保证非加工面与加工面之间的相互位置要求。图 2-10 所示零件,为了保证镗内孔 2 后零件壁厚均匀,应选不加工面 1 作为粗基准(见图 2-10(a)),则不加工表面和加工表面都有较高的位置精度。

若选加工面 2 作为粗基准(见图 2-10(b)),则加工余量均匀,但不加工表面和加工表面的位置精度都低。

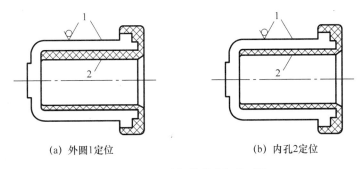

图 2-10 两种粗基准选择的对比

若零件没有非加工面,则选择粗基准时,应考虑合理分配各加工表面的加工余量,保证各加工面都有足够的加工余量。为满足这个要求,应选择毛坯余量最小的表面作为粗基准。如图 2-11 所示的阶梯轴,毛坯外圆 $\phi 108$ 与外圆 $\phi 55$ 有同轴度误差,应选 $\phi 55$ 外圆作为粗基准车削 $\phi 108$;如以 $\phi 108$ 为粗基准车削 $\phi 55$,则可能因余量不足而使零件报废。

(2) 重要表面作为粗基准

为了保证重要加工面的余量均匀、材质组织一致,选择重要表面作为粗基准。例如,车床床身零件的加工,为保证导轨面的整个表面内有一致的物理机械性能和较高的耐磨性,应选择导轨面作为粗基准加工床腿的底平面,然后以底平面为基准加工导轨面;反之,必将造成导轨面加工余量不均匀,如图 2-12 所示。选用的粗基准务求定位准确、夹紧可靠、夹具结构简单、操作方便。

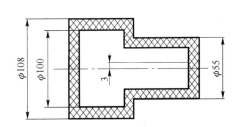

图 2-11 阶梯粗基准选择

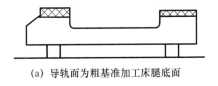

(a) 导轨面为粗基准加工床腿底面

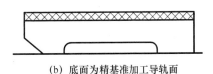

(b) 底面为精基准加工导轨面

图 2-12 床身加工的粗基准选择

(3) 选择大而平的表面作为粗基准

因为粗加工时,切削力大,故此夹紧力就大。为了保证定位准确、夹紧可靠,应选择大而平的表面作为粗基准,不允许有锻造飞边、铸造浇冒口或其他缺陷,更不能选分型面作为粗基准。

(4) 定位基准尽量与工序基准重合

选择定位基准时应考虑尽可能使定位基准与工序基准重合,这样加工误差会小一些。

(5) 粗基准在一个方向上只能使用一次

粗基准在同一方向上只允许使用一次。因作为粗基准的表面精度较低、误差较大，若同一方向上重复使用，则加工后零件的误差更大，故粗基准在一个方向上要避免重复使用。

在上述粗基准选择的五个原则中，每一个原则只能说明一方面的问题，实际应用时往往会出现相互矛盾的情况，这就要求综合考虑、分清主次。

2. 精基准的选择

选择精基准应从保证零件的加工精度出发，同时也要考虑装夹方便，夹具结构简单。

采用工序基准作为定位基准时，称为基准重合，这样可避免产生定基误差。

如图 2-13(a)所示，设 A 面和 D 面已加工好，现在铣床上用调整法加工 B 面和 C 面来保证尺寸 $B+\Delta b$。第一种方案，选择 A 面作为定位基准加工 C 面，如图 2-13(b)所示，则对于尺寸 $B+\Delta b$ 来说，定位基准和工序基准都是 A 面，基准重合；由于尺寸 B 的制造公差为 Δb，所以铣 C 面时允许产生的加工误差为 $\Delta h=\Delta b$，但这种定位方式的夹具结构复杂，夹紧力的方向与铣削力的方向相反，不够合理，操作也不方便。第二种方案，选择 D 面作为定位基准来加工 C 面，如图 2-13(c)所示，这种方案夹具结构简单，定位夹紧方便，但由于定位基准与工序基准不重合，工序基准 A 相对于定位基准 D 的变动量 Δa 当然要引起尺寸 B 的变化，$\Delta b=B_{max}-B_{min}=\Delta a+\Delta h$，因此 $\Delta h=\Delta b-\Delta a$，故铣 C 面允许产生的加工误差为 $\Delta b-\Delta a$。与第一种方案相比，加工误差减小了 Δa。定位基准与工序基准不重合，使其加工误差减小，增加了加工难度（一般把由于定位基准与工序基准不重合，引起的工序尺寸方向上的误差称为定基误差），如图 2-13(c)所

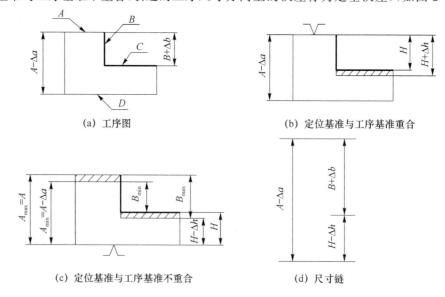

(a) 工序图　　(b) 定位基准与工序基准重合
(c) 定位基准与工序基准不重合　　(d) 尺寸链

图 2-13　精基准的选择方案

示方案中的 Δa，为此，定基误差在数值上等于定位基准到工序基准之间位置尺寸的公差。引起定基误差的实质是定位基准与工序基准不重合而导致工序基准的位置在工序尺寸方向上的变动。

在图 2-13(c) 所示方案中也可用尺寸链的方法求得定基误差，其尺寸链如图 2-13(d) 所示。在尺寸链中尺寸 A、H 是组成环，工序尺寸是被间接保证的，则 B 是封闭环，即 $\Delta b = \Delta a + \Delta h$，加工误差为 $\Delta h = \Delta b - \Delta a$。

特别是在最后精加工时，为保证加工精度，更应遵循这个原则，这样可以避免由于基准不重合而引起的定位误差。下面以床头箱主轴孔的加工情况为例来讨论。

如图 2-14 所示，尺寸 $H_1 = 250 \pm 0.1$ 为工序要求，工序基准为底面 M。在单件小批量生产时，镗主轴孔常以底面 M 作为定位基准，直接保证尺寸 H_1。这时工序基准与定位基准重合，影响尺寸 H_1 加工精度的只有与镗孔工序有关的加工误差，若把这项误差控制在 ± 0.1 mm 的范围内，就可保证规定的加工精度。

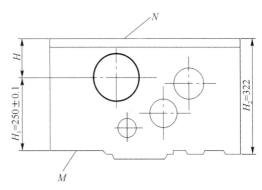

图 2-14 主轴孔加工精基准的选择

在大批大量生产中镗主轴孔时，为使夹具简单，常以顶面 N 作为定位基准，直接保证的尺寸是 H，工序尺寸 H_1 只能间接保证，其精度取决于尺寸 H 和 H_2 的加工精度。由此可知，影响尺寸 H_1 精度的因素除了与镗孔有关的加工误差以外，还与已加工尺寸 H_2 的加工误差有关。后面这项误差，就是由于工序基准和定位基准不重合而产生的基准不重合误差。

上面分析的是工序基准和定位基准不重合而产生的基准不重合误差。实际上，基准不重合误差可以延伸到其他基准不重合的场合。如设计基准与工序基准、工序基准与定位基准、工序基准与测量基准等情况，都会产生基准不重合误差。

当某些精加工工序要求加工余量小而均匀时，常以加工面自身作为定位基准。例如磨削床身轨道时，由于加工余量小（一般不超过 0.5 mm），总是以导轨面本身为基准来找正。常用的找正方法有百分表或通过观察磨削火花找正。

选择精基准时，还要力求定位准确，定位稳定，夹紧可靠，夹具结构简单且操作方便。

所选择的精基准表面，应具有尽可能大的面积，以得到较高的定位精度，工件的装夹也更可靠和方便一些，其夹紧变形也可小一些。

综上所述，精基准的选择原则如下：

① 定位基准应力求与工序基准重合，避免产生定基误差；
② 使定位准确、稳定、可靠，使夹具结构简单。

3. 辅助定位基准

在加工过程中，有时会找不到合适的表面作定位基准，为了便于安装和易于获得所需要的加工精度，可以在工件上特意做出供定位用的表面，或把工件上原有的某些表面，提高加工精度。这类用作定位的表面，称为辅助定位基准。

辅助定位基准在加工中是经常采用的，典型的例子是轴类零件的中心孔。采用中心孔就能很方便地将轴类安装在顶尖间进行加工。

某些工件在毛坯上多增加一块材料，作为辅助定位基准。例如图 2-15 所示的车床小刀架导轨面的加工。在毛坯上预先铸出凸台，加工时先以导轨面为粗基准加工 C 面和凸台表面 B，然后再以它们为精基准加工导轨面。

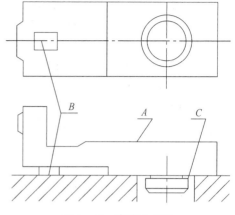

图 2-15 车床小刀架

2.7 热处理工序及辅助工序的安排

热处理工序的性质，特别是热处理工序在工艺路线中的位置，对机械加工工序的内容、数目和顺序有很大影响。因此，在设计工艺路线时，需要进行仔细分析。

1. 热处理的目的

（1）提高材料的机械性能

提高材料的机械性能是采用热处理最主要和最常见的原因。材料在供应状态下，或在毛坯制造以后，其硬度、强度及其他机械性能一般都不能满足产品所提出的要求。为了能达到零件图所规定的技术要求，常采用淬火、调质或化学热处理等方法。

（2）改善材料加工性

所谓加工性是指材料可加工的性能。金属的切削加工性一般用切削速度、切削力、加工能达到的表面粗糙度来表示。如果切削某种材料时的切削速度高、切削力小、表面粗糙度的 Ra 值小，则这种材料的加工性就好。在航空航天产品中，采用高合金钢比较多，其加工性一般都比较差。尤其是不锈钢、耐热合金等的加工性更差。

为改善加工性而采取的热处理种类需视材料的具体情况而定。一般采用退火或正火等使硬度降低、组织均匀。在加工韧性较大的材料时，采用热处理来提高其硬度，以改善其加工性。如铝合金采用淬火-时效的方法来确定其硬度，以便改善其加工性，从而获得较好的表面质量。

(3) 消除内应力

在毛坯制造和机械加工的过程中，工件要产生内应力，当内应力的平衡条件遭到破坏时，内应力就要重新分布，使工件变形，从而影响零件精度。因此，在加工时，对于刚性差、精度要求高的工件，常安排消除内应力的热处理工序。这类热处理有退火、正火、时效等。

2. 热处理方法及其在工艺路线中的位置

热处理工序在工艺路线中的安排，一般可分为预先热处理和最终热处理。预先热处理，主要是改善切削加工性能，消除应力。最终热处理，主要是提高材料的强度和硬度。

(1) 预先热处理

预先热处理常用的方法有退火、正火、时效和调质，一般安排在粗加工前后。对于硬度较高或较低的材料都不便于机械加工，因此为了改善切削加工性能在粗加工前进行退火（硬度较高的材料）或正火（硬度较低的材料），为了消除粗加工后零件的残余应力，热处理要安排在粗加工之后。

(2) 最终热处理

最终热处理常用的方法有淬火、调质和时效，一般安排在精加工前后。

(3) 渗碳、镀层（镀铬、镀铜、镀氮等）

渗碳、镀层一般安排在精加工前后。由于渗碳后要淬火，零件变形较大，故渗碳要安排在精加工前。而镀层一般要安排在精加工之后进行。

3. 辅助工序的安排

辅助工序的种类很多，其中包括中间检验、洗涤防锈、特种检验和表面处理等。这些工序的位置安排需视工序的具体情况而定。

(1) 中间检验

中间检验工序一般安排在工件需要转换车间时进行，其目的是便于分析产生质量问题的原因，分清责任。另外，在重要零件的关键工序之后，也有安排中间检验工序，其目的是便于及时控制加工情况。

(2) 特种检验

特种检查的种类很多，常见的有磁力探伤、荧光探伤、X射线检查和超声波检等。磁力探伤、荧光探伤用于检验零件的表面缺陷，一般安排在精加工阶段进行，磁力探伤用于铁磁性材料的零件，荧光检查用于非铁磁性材料的零件。X射线检查、超声波检用于检验零件的内部缺陷，一般安排在粗加工前进行，这样可以及时发现毛坯的缺陷，避免浪费。至于音频、称重、气密试验都在工艺过程的最后进行。

习题与思考题

2-1 试评价获得各种加工精度方法的优缺点。

2-2 如何理解结构工艺性的概念?零件结构工艺性有哪些要求?

2-3 何谓基准?基准分哪几种?分析基准时要注意些什么?

2-4 精、粗定位基准的选择原则各有哪些?如何分析这些原则之间出现的矛盾?

2-5 如何选择下列加工过程中的定位基准?

(1) 浮动铰刀铰孔;(2) 拉齿坯内孔;(3) 无心磨削销轴外圆;(4) 磨削床身导轨面;(5) 箱体零件攻螺纹;(6) 珩磨连杆大头孔。

2-6 试述在零件加工过程中,划分加工阶段的目的和原则。

2-7 试述零件在机械加工工艺过程中,安排热处理工序的目的、常用的热处理方法及其在工艺过程中安排的位置。

2-8 试分析拟定图 2-16 所示四种零件的机械加工工艺路线,内容包括工序名称、工序简图(内含定位符号、夹紧符号、工序尺寸及其公差、技术要求)、工序内容等。生产类型为成批生产。

2-9 加工图 2-17 所示的零件,其粗、精基准应如何选择(标有√符号的为加工面,其余为非加工面)?图(a)、(b)、(c)所示的零件要求内外圆同轴,端面与孔轴线垂直,非加工面与加工面之间尽可能保持壁厚均匀;图(d)所示的零件毛坯孔已铸出,要求孔加工余量尽可能均匀。

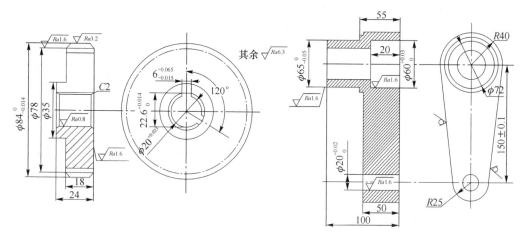

图 2-16 题 2-8 图

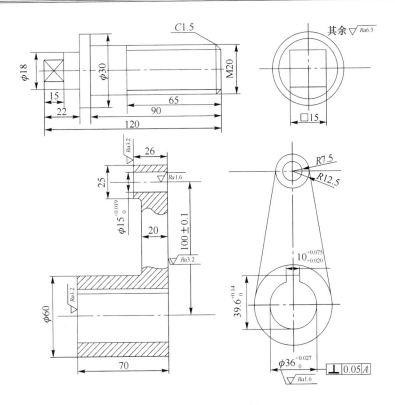

图 2-16 题 2-8 图(续)

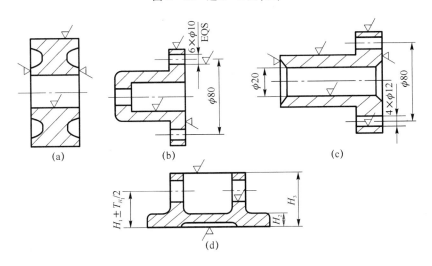

图 2-17 题 2-9 图

2-10 图 2-18 所示零件的 A、B、C 面,$\phi 10H7$ 及 $\phi 30H7$ 孔均已经加工。试分析加工 $\phi 12H7$ 孔时,选用哪些表面定位比较合理?为什么?

2-11 试选择图 2-19 所示各零件加工时的粗、精基准(标有 ∇ 符号的为加工面,其余的为非加工面),并简要说明理由。

2-12 如图 2-20 所示零件,毛坯为 $\phi 35$ 棒料,生产类型为批量生产,试分析其工艺过程的组成。

2-13 试提出成批生产如图 2-21 所示零件的机械加工工艺过程(从工序到工步),并指出各工序的定位基准。

2-14 试提出成批生产如图 2-22 所示零件的机械加工工艺过程(从工序到工步),并指出各工序的定位基准。

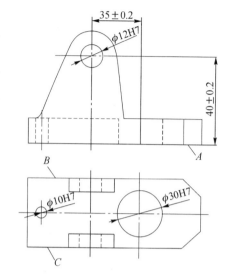

图 2-18 题 2-10 图

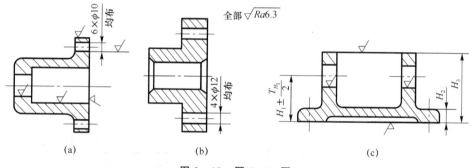

图 2-19 题 2-11 图

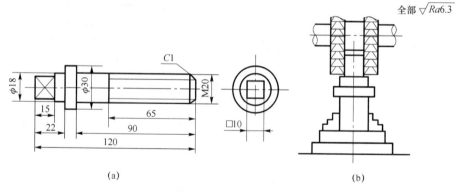

图 2-20 题 2-12 图

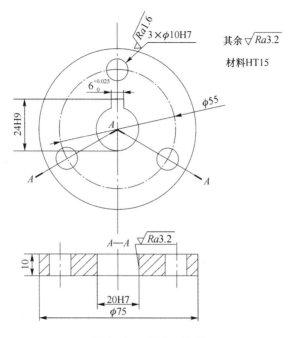

图 2-21 题 2-13 图

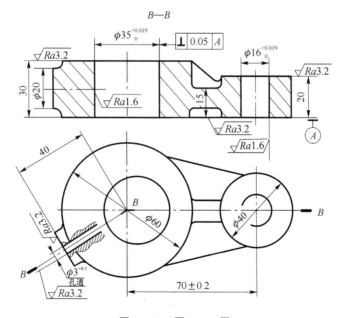

图 2-22 题 2-14 图

第 3 章 机床工序设计

对于要进行机械加工的零件,首先要对零件进行工艺性分析,其次再确定其工艺路线,最后才进行工序设计。工序设计的主要内容是:合理选择设备、切削刀具、夹具和量具等工艺装备,确定工步的内容和次序,确定加工余量、工序的尺寸及公差等。

3.1 设备和工艺装备的选择

在设计工序时,需要具体选定所用的机床、夹具、刀具和量具等。

1. 机床的选择

零件的几何形状精度和生产批量在很大程度上取决于所用的机床设备。因此,机床选择正确与否,对工序的加工质量、生产率和经济性都有很大影响。在设计工艺规程中,选择机床主要是确定机床的种类和型号。为使所选定的机床符合工序加工的要求,必须考虑下列要素:

① 机床的精度与工序的加工精度相适应;
② 机床工作台的大小应与工件的轮廓尺寸相适应;
③ 机床的功率和刚度应与工序的性质及合理的切削用量相适应;
④ 机床的生产率应与工件的生产类型相适应。

单件小批生产一般选择通用机床;在成批生产时,一般选用专用设备;在大批大量生产中,则广泛采用专用机床和组合机床组成的生产流水线。在新产品试制及小批量生产时,较多地选用通用机床配组合夹具及数控机床等设备,以简化工艺装备的设计与制造,缩短生产周期,提高经济性。

在选择机床的类型时,应注意充分利用现有设备,为扩大机床的功能,必要时可进行机床改造,以满足工序的需要。

在设备选定以后,有时还需根据生产负荷的情况及生产的均衡性来修订工艺路线,调整工序的内容。

2. 工艺装备的选择

工艺装备选择得合理与否,将直接影响工件的加工精度、生产率和经济性,应根据生产类型、现场加工条件、工件的结构及材料和技术要求等来选择工艺装备。

(1) 夹具的选择

在机床确定后,应考虑在装夹工件时所用的夹具。在选择夹具时,对于单件小批生产应首先考虑采用通用夹具、组合夹具和机床附件;对于中、大批和大量生产,为了提高生产效率而采用专用的高效夹具;在航空与航天产品的生产中,由于产品的加工精度要求很高,而且构形十分复杂,为保证加工质量,提高生产率,减轻劳动强度,常采用专用夹具。但是,在产量不大、产品多变的情况下,采用专用夹具,不但要延长生产周期,而且还要增加产品的成本。

(2) 刀具的选择

在选择刀具时,应考虑工序种类、生产率、经济性、工件材料、加工精度、表面粗糙度及所用机床的性能等因素,刀具的尺寸规格也尽可能采用标准的。切削工具的类型、结构、尺寸和材料的选择,主要取决于工序所采用的加工方法,以及被加工表面的尺寸、精度和工件的材料等。

为提高生产率,降低成本,应充分注意切削工具的切削性能,合理地选择切削工具的材料。

在一般情况下,对于单件小批生产,应尽量优先采用标准的切削工具;对于中、大批和大量生产,为了提高生产率而采用专用高效刀具,在按工序集中原则组织生产时,常采用专用的复合切削工具。

(3) 量具的选择

对于量具的选择,首先是确定量具的类型与精度。量具的精度选择取决于被检测零件的精度,以便正确地反映工件的实际精度。

例如:被检测工件的尺寸为 $\phi 40h9(_{-0.062}^{0})$,那么首先要确定计量器具的安全裕度 A 和计量器具不确定度允许值 u。已知工件公差 IT = 0.062 mm,由表 3-1 查得:安全裕度 A = 0.006 mm,计量器具不确定度允许值 u = 0.005 4 mm(u = 0.9A)。

其次是确定计量器具的不确定度。常用计量器的不确定度如表 3-2 和表 3-3 所列。工件尺寸为 $\phi 40$,由表 3-2 查得,分度值 f = 0.01 mm 的外径千分尺的不确定度为 b = 0.004 mm。因为 $b < u$,所以选择分度值为 0.01 mm 的外径千分尺来测量尺寸为 $\phi 40h9$ 的工件,以满足使用要求。

表 3-1 安全裕度及计量器具不确定度允许值(摘自 GB 3177—1997)

工件公差		安全裕度 A	计量器具不确定度允许值 u
大于	至		
0.009	0.018	0.001	0.000 9
0.018	0.032	0.002	0.001 8
0.032	0.058	0.003	0.002 7
0.058	0.100	0.006	0.005 4
0.100	0.180	0.010	0.009
0.180	0.320	0.018	0.016
0.320	0.580	0.032	0.029
0.580	1.000	0.060	0.054
1.000	1.800	0.100	0.090
1.800	3.200	0.180	0.160

表 3-2 千分尺和游标卡尺的不确定度

尺寸范围 大于	尺寸范围 至	计量器具类型 分度值 0.01 外径千分尺	分度值 0.01 内径千分尺	分度值 0.02 游标卡尺	分度值 0.05 游标卡尺
		不确定度			
0	50	0.004	0.008	0.020	0.050
50	100	0.005	0.008	0.020	0.050
100	150	0.006	0.008	0.020	0.050
150	200	0.007	0.013	0.020	0.050
200	250	0.008	0.013	0.020	0.050
250	300	0.009	0.013	0.020	0.050
300	350	0.010	0.020	0.020	0.100
350	400	0.011	0.020	0.020	0.100
400	450	0.012	0.020	0.020	0.100
450	500	0.013	0.025	0.020	0.100
500	600		0.030		0.100
600	700		0.030		0.100
700	1 000		0.030		0.015

表 3-3 指示表的不确定度(摘自 JB/Z 181—1997)

尺寸范围 大于	尺寸范围 至	所使用的计量器具 分度值 0.001 的千分表(0 级在全程范围内,1 级在 0.2 mm 内)、分度值 0.002 的千分表	分度值 0.001、0.002、0.005 的千分表(1 级在全程范围内)、分度值 0.01 的百分表(0 级在任意 1 mm 内)	分度值 0.01 的百分表(0 级在全程范围内,1 级在任意 1 mm 内)	分度值 0.01 的百分表(1 级在全程范围内)
		不确定度			
	25	0.005	0.010	0.018	0.030
25	40	0.005	0.010	0.018	0.030
40	65	0.005	0.010	0.018	0.030
65	90	0.005	0.010	0.018	0.030
90	115	0.005	0.010	0.018	0.030
115	165	0.006	0.010	0.018	0.030
165	215	0.006	0.010	0.018	0.030
215	265	0.006	0.010	0.018	0.030
265	315	0.006	0.010	0.018	0.030

对于量具的类型,则主要取决于生产类型。在单件小批生产时,广泛采用通用量具;在大批、大量生产时,主要采用极限量规、检验夹具和气动量具等高效专用量具,以提高生产率,满足生产要求。

3.2 加工余量的确定

在确定工序尺寸时,首先要确定加工余量,加工余量的大小对于工件的加工质量和生产效率均有较大影响。合理地确定加工余量具有很大的经济效益。若毛坯的余量过大,不但浪费材料,而且增加机械加工的劳动量,从而使生产率下降,产品成本增加。反之,若余量过小,其一使工件制造困难;其二则不能切去金属表面的缺陷层,有时还会使刀具处于恶劣的工作条件,例如切削很硬的夹砂外皮,使刀具磨损加快;其三在机械加工时,也因余量过小而被迫使用划线、找正等工艺方法,甚至可能造成废品。所以,必须合理地确定加工余量。

1. 加工余量的概念

(1) 加工余量

所谓加工余量,就是为保证规定零件加工质量的要求,在加工过程中从工件表面上切除的金属层厚度。

(2) 总加工余量

为了得到零件上某一表面所要求的精度和表面质量,而从毛坯表面上切去的全部多余的金属层,称为该表面的总加工余量。

(3) 工序余量

完成一个工序时从某一表面上所切去金属层的厚度称为工序的加工余量。

总加工余量与工序加工余量的关系为

$$Z_{总} = \sum_{i=1}^{n} Z_i$$

式中:$Z_{总}$——毛坯总余量;

Z_i——工序余量;

n——同一表面加工的工序(或工步)数目。

(4) 公称余量

通常所说的加工余量,是指公称余量,其值等于前后工序的基本尺寸之差,即对于外表面有 $Z_1 = L_2 - L_1$,如图 3-1(a)所示,对于内表面有 $Z_1 = L_1 - L_2$,如图 3-1(b)所示。

(5) 最大余量和最小余量

在制定工艺规程时,根据各工序的性质来确定工序的加工余量,进而求出各工序的尺寸,但在加工过程中,由于工序尺寸有公差,实际切除的余量是有变化的。因此,加工余量又有公称余量、最大余量和最小余量之分。对于最大余量和最小余量,计算方法因加工内、外表面的不同而异。

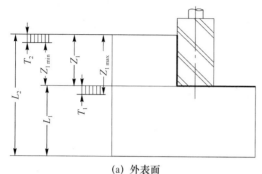 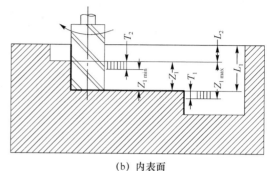

(a) 外表面　　　　　　　　　　　　　(b) 内表面

L_2—前工序；L_1—本工序

图 3-1　余量计算

对于外表面：

工序最大余量为前工序最大尺寸与本工序最小尺寸之差，如图 3-1(a)中 $Z_{1\max}$ 为

$$Z_{1\max}=L_{2\max}-L_{1\min}=L_2-(L_1-T_1)=$$
$$L_2-L_1+T_1=Z_1+T_1$$

工序最小余量为前工序最小尺寸与本工序最大尺寸之差，如图 3-1(a)中 $Z_{1\min}$ 为

$$Z_{1\min}=L_{2\min}-L_{1\max}=(L_2-T_2)-L_1=$$
$$L_2-L_1+T_2=Z_1-T_2$$

因此，余量的变化量 Z_{1b} 为

$$Z_{1b}=Z_{1\max}-Z_{1\min}=T_1+T_2$$

对于内表面：

工序最大余量为本工序最大尺寸与前工序最小尺寸之差，如图 3-1(b)中 $Z_{1\max}$ 为

$$Z_{1\max}=L_{1\max}-L_{2\min}=L_1+T_1-L_2=$$
$$L_1-L_2+T_1=Z_1+T_1$$

工序最小余量为本工序最小尺寸与前工序最大尺寸之差，如图 3-1(b)中 $Z_{1\min}$ 为

$$Z_{1\min}=L_{1\min}-L_{2\max}=L_1-(L_2+T_2)=$$
$$L_1-L_2+T_2=Z_1-T_2$$

因此，余量的变化量 Z_{1b} 为

$$Z_{1b}=Z_{1\max}-Z_{1\min}=T_1+T_2$$

上述计算说明，无论是内表面还是外表面，实际的加工余量是有变化的，其变化范围是本工序和前工序尺寸公差之和。

工序余量还有单面和双面的区别。对于图 3-1(a)、(b)中所示的平面加工来说，是单面余量；而对于圆柱面来说，则有单面余量和双面

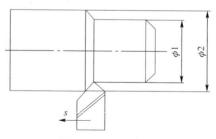

图 3-2　双面余量

余量(见图 3-2)之分,即用半径差(单面)和直径差(双面)来表示。在计算和查阅手册时应注意区别。

2. 影响加工余量的因素

工序加工余量的大小,应当使被加工表面经过本工序加工后,不再留有上一工序的加工痕迹和缺陷。从图 3-3 所示毛坯加工可知:在确定加工余量时,应考虑下列几方面的因素。

(1) 前工序的表面质量

前工序加工后的表面上有微观的表面粗糙度 H_a 及表面缺陷层 T_a,表面粗糙度 H_a 的最大高度和表面缺陷层 T_a 的深度如图 3-4 所示,在本工序加工时要把这部分厚度切除掉。

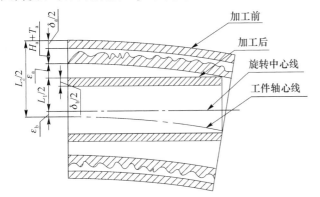

图 3-3 影响加工余量的因素　　　　图 3-4 表面粗糙度及表面缺陷

表面粗糙度 H_a 和表面缺陷层 T_a 的大小与加工方法有关,根据实验统计结果,其数据如表 3-4 所列。

表 3-4 各种加工方法的 H_a 与 T_a 的数值

加工方法	$H_a/\mu m$	$T_a/\mu m$	加工方法	$H_a/\mu m$	$T_a/\mu m$
粗车	15~100	40~60	粗铰	25~100	25~30
精车	5~45	30~40	精铰	8.5~25	10~20
粗铣	15~225	40~60	磨外圆	1.7~15	15~25
精铣	5~45	25~40	磨内孔	1.7~15	20~30
粗刨	15~100	40~50	磨端面	1.7~15	15~35
精刨	5~45	25~40	磨平面	1.7~15	15~35
粗插	25~100	50~60	拉削	1.7~8.5	20~30
精插	5~45	35~50	切断	45~225	60
粗镗	25~225	30~50	研磨	0~1.6	3~5
精镗	5~25	25~40	超级光磨	0~0.8	0.2~0.3
粗扩孔	25~225	40~60	抛光	0.06~1.6	2~5
精扩孔	25~100	30~40	冷拉钢材	25~100	80~100

(2) 前工序加工的尺寸公差 δ_a

由于前一工序加工后的表面存在着尺寸误差和形状误差(如平面度、圆柱度等)，这些误差的总和一般不超过前工序公差 δ_a，因此，当考虑加工一批工件时，为了纠正这些误差，本工序的加工余量中应计入这部分误差。

(3) 前工序的位置关系误差 ε_a

在前工序加工后的某些位置关系误差 ε_a，并不包括在尺寸公差范围内(如同轴度、平行度、垂直度等)，在考虑确定余量时，应计入这部分误差。本工序的加工余量不应小于前工序的相对位置尺寸公差 ε_a，当同时存在两种以上的空间形状误差时，总的误差为各空间误差的向量和。ε_a 的数值与加工方法有关，可查阅资料或根据近似计算确定。

(4) 本工序的安装误差 ε_b

本工序的安装误差包括定位误差和夹紧误差，由于这部分误差要影响被加工表面和切削工具的相对位置，可能造成加工余量不够，因此也应计入加工余量。定位误差可以进行计算，夹紧误差可查阅有关资料。

以上分析的各方面影响余量的因素，实际上不是单独存在的，而需要综合考虑其影响。

(5) 余量的计算

根据以上分析，可建立下面的公式：

双面余量：

$$2Z \geqslant \delta_a + 2(H_a + T_a) + 2|\varepsilon_a + \varepsilon_b|$$

单面余量：

$$Z \geqslant \delta_a + (H_a + T_a) + |\varepsilon_a + \varepsilon_b|$$

上述公式有助于分析余量的大小。在具体使用时，应结合加工方法本身的特点进行分析。如用浮动铰刀铰孔时，一般只考虑前工序的尺寸公差和表面质量的影响。在超精研磨机上抛光时，一般只考虑前工序表面质量的影响。

此外，在零件的加工过程中，还有其他因素的影响，如热处理的变形等。由于现场具体情况复杂，影响因素多，目前尚难以用计算法来确定余量的大小。在生产过程中，一般均按相关资料的统计数据来确定；在通常情况下，应根据生产实践的经验来确定。

3. 确定加工余量的方法

工序余量是按加工方案从最后一道工序逐步向前推来确定，而第一道粗加工工序余量则由总余量和已确定的其他工序余量推算得出。总余量与各工序余量之和是相等的。

工序余量按逐步减小的原则确定，后一工序余量不能大于前一工序余量。如果出现前一道工序余量小于后一道工序余量的情况，则应对各工序余量进行修正。

(1) 计算法

计算法即应用上述公式进行相应的余量计算，以确定最合适的加工余量。此法主要用于大批大量生产中,可以节约大量金属,并节省切削加工时间,但必须有可靠的实验数据资料,否则较难进行,目前应用尚少。

(2) 查表修正法

以各工厂的生产实际和试验研究积累的数据资料为基础,先制成各种表格,再汇集成手册。确定余量时查阅这些手册,再结合生产实际情况进行修订来确定实际加工余量的大小。

采用查表修正法确定工序余量时,应注意下列要点,并可据此进行修正。

① 加工表面按加工方案所排列的各工序工艺方法,其加工经济精度和表面粗糙度有一定范围,实际确定时应根据工件最终尺寸精度和表面粗糙度按均匀且逐步提高的原则进行。工序余量应考虑前道工序的加工精度和表面粗糙度,如较高,应取较小;反之,应取较大的余量。

② 应考虑前道工序的工艺方法、设备、装夹以及加工过程中变形所引起的各表面间相互位置的空间偏差。空间偏差大,应取较大的余量。

③ 应考虑本工序的定位和夹紧所造成的装夹误差,尤其是对刚度较小的工件。装夹误差大,工件变形大,应取较大的余量。

④ 应考虑热处理工序引起的工件变形。

在有关余量表格中,内圆(孔)表面、外圆表面及齿形表面等都是双面余量(直径余量);平面余量是单面余量。

(3) 经验估计法

此法是根据生产实际经验来确定加工余量大小的方法。为了防止余量不够而产生废品,在实际生产中余量的估计值一般总是偏大,所以此法常用于单件小批生产中。

3.3 工序尺寸的确定

零件图上的设计尺寸及其公差,是经过多次加工后最终达到的尺寸,每道工序加工后表面的尺寸都不相同。工序尺寸的确定,实质上是确定工序尺寸的基本尺寸和公差。

要确定工序尺寸,首先应对零件图和工序图进行分析,其次是确定工序基准及工序尺寸标注的形式,然后再确定工序尺寸的基本尺寸和公差。根据工序尺寸与设计尺寸的关系,可将工序尺寸分为两大类,即最终工序尺寸和中间工序尺寸。

1. 工序尺寸的分类

(1) 最终工序尺寸

该工序尺寸是最后一个保证零件图上设计尺寸的工序尺寸。

(2) 中间工序尺寸

① 与设计有关的中间工序尺寸　与其他工序尺寸一起来间接保证零件图上某一设计尺寸的工序尺寸。

② 与设计无关的中间工序尺寸　与零件图上设计尺寸无关的工序尺寸。

2. 工序尺寸确定的方法与原则

对不同类型的尺寸,其确定方法与原则有以下不同:

① 对于最终工序尺寸,一般情况下可直接按零件图上的设计尺寸来确定工序尺寸及公差。

② 对于与设计有关的中间工序尺寸,则要通过尺寸链计算来确定其基本尺寸和公差。

③ 对于与设计无关的中间工序尺寸,其基本尺寸是相应尺寸加上或减去工序的加工余量而得到,其公差大小按经济精度来确定并按"入体原则"来标注。所谓入体原则即被包容面(轴)的工序尺寸取上偏差为零,下偏差为负值;包容面(孔)的工序尺寸取下偏差为零,上偏差为正值;毛坯尺寸则按对称分布标注上、下偏差。

确定工序尺寸公差时,应注意各工序工艺方法的加工经济精度表示的该工艺方法所能达到的精度范围,选取时应根据最终尺寸精度前后照应,均匀地逐步提高精度。工序间的工序尺寸精度不应出现大幅度跨越,在确定加工方案时就应考虑到这点,否则应该修正加工方案。

根据上述工序尺寸确定的方法和原则,采用"由后往前推"的方法,即由零件图的设计尺寸,一直推算到毛坯尺寸。下面通过一个实例来说明工序尺寸确定的方法和原则。

如图 3-5 所示,图(a)为零件的部分要求,图(b)~(d)为最后 3 道工序加工工序图,试确定工序尺寸 L_1、L_2、L_3、L_4 的大小及公差。

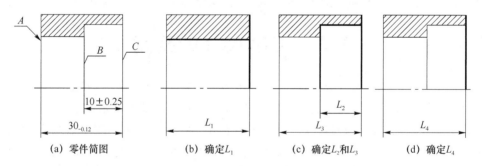

图 3-5　工序尺寸确定的方法和原则

从图 3-5 来看,虽然加工过程比较直观,但各尺寸之间的关系并不清楚。为了弄清楚各工序尺寸与设计尺寸之间的关系,把图 3-5 所示的加工过程用图 3-6 所示的方式来表达。在图 3-6 中,把零件的加工过程自上而下表达出来,其中圆点表示工序基准,箭头表示被加工表面,Z_3、Z_4 表示工序余量。其实图 3-5 中的图(b)、(c)、(d)的工序图与图 3-6 所描述的加工过程一样,只是表达方式不同而已。从图 3-6 中很容易看出各工序尺寸与设计尺寸之间的关系。

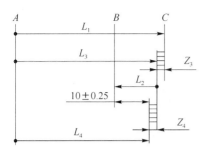

图 3-6 零件加工过程及尺寸之间的关系

首先,对各尺寸进行分类,L_1、L_2、L_3、L_4 属于不同类型的工序尺寸。L_4 是加工 A、C 两表面之间位置的最后一道工序的工序尺寸,是直接保证零件图上尺寸 30 的,所以 L_4 是最终工序尺寸;L_2、L_3、L_4 三个尺寸一起来保证设计尺寸 10 ± 0.25,L_2、L_3 是与设计有关的中间工序尺寸;L_1 为与设计无关的中间工序尺寸。

其次,确定工序尺寸的大小及公差。因为 L_4 为最终工序尺寸,所以 L_4 尺寸可按零件上的设计尺寸来取,故 $L_4=30_{-0.12}$。Z_3 和 Z_4 的余量通过查表可得:$Z_3=1.5$ mm(单面),$Z_4=0.5$ mm(单面)。

L_1 是与设计无关的中间工序尺寸,所以其基本尺寸等于相关尺寸加减余量。又因为 L_1 相当于轴类尺寸,所以是相关尺寸加余量,故 L_1 的基本尺寸为 $(30+1.5+0.5)$ mm$=32$ mm,其公差按"经济精度"来取,并按"入体原则"来标注。按 IT12 查表可知:公差为 0.25 mm,故 $L_1=32_{-0.25}$ mm。

L_2、L_3 是与设计有关的中间工序尺寸,L_2、L_3、L_4 三个尺寸一起来保证设计尺寸 10 ± 0.25,而 L_2、L_3、L_4 组成一个尺寸链,其中 L_2、L_3、L_4 是组成环,设计尺寸 10 ± 0.25 是封闭环。首先确定尺寸 L_3(或 L_2),其基本尺寸为 $L_1-1.5$ mm$=(32-1.5)$ mm$=30.5$ mm,其公差按"经济精度"来取,并按"入体原则"来标注。按 IT12 查表可知:公差为 0.25 mm,故 $L_3=30.5_{-0.25}$ mm。剩下的一个尺寸 L_2 不能随便确定,必须由 L_2 来满足尺寸链的要求,根据尺寸链计算可知(计算过程略):$L_2=10.5_{-0.13}$ mm。

为此,图 3-5 所示的加工过程中,工序尺寸 L_1、L_2、L_3、L_4 分别为:$L_1=32_{-0.25}$ mm,$L_2=10.5_{-0.13}$ mm,$L_3=30.5_{-0.25}$ mm,$L_4=30_{-0.12}$ mm。

由上述可知:

各工序尺寸的基本尺寸可由最终尺寸及余量推得,注意内表面和外表面的区别,同时也应注意单面余量及双面余量问题。

工序尺寸的公差可根据加工方法来确定。通常,最终工序尺寸的公差均取自零件图上规定的公差;而所有在此前与设计尺寸无关的各中间工序尺寸的公差,均可按该加工方法的经济加工精度来选定;所有在此前与设计尺寸有关的各中间工序尺寸的公差,则只留一个尺寸的公差来满足尺寸链的要求,其余各尺寸的公差一般可按该加工方法的经济加工精度来确定。

正确地确定工序尺寸的公差有着重要的意义。如果工序尺寸公差规定过小,就要求采用精度较高的加工方法来加工,从而影响加工的经济性;如果公差规定过大,零件的加工就容易,但工序尺寸公差的大小会影响加工余量的变化。

在公差确定后,有时还需要根据其他一些影响因素对工序公差作某些修正。例如,对于用作定位基准的表面,就要求提高加工精度,以保证工件有较高的定位精度;又如,对某些要求进行表面化学热处理(如渗碳、渗氮和氰化等)的工件,在确定这些表面加工的工序公差时,应与所规定的深度的变化范围相适应。

3.4 工艺尺寸的换算

在航空产品的零件制造过程中,由于零件的结构形状复杂,制造依据较多,制造精度要求较高,因此其工艺过程就十分复杂。在这种情况下,工艺尺寸换算就占有重要的地位。零件在加工过程中从一组基准转换为另一组基准,就形成两组互相联系的尺寸和公差系统。工艺尺寸换算就是以工艺尺寸系统去保证零件图上的设计尺寸系统,即保证零件图所规定的尺寸和公差。因此,尺寸链换算主要是由在基准转换过程中所造成基准不重合引起的。尺寸链换算的步骤如下:

(1) 建立尺寸链:
① 确定封闭环;
② 画出尺寸链图;
③ 判断增减性质;
④ 调整公差关系。
(2) 列方程计算。

3.4.1 工艺尺寸链换算的方法与步骤

在尺寸链的计算中,难点首先是要建立正确的尺寸链,其实质就是建立尺寸与尺寸之间的关系,搞清楚工序尺寸与设计尺寸之间的联系,其方法就是根据零件的加工过程来建立。其次是找封闭环,应该根据封闭环的定义来判别某个尺寸是否是封闭环。最后是判别组成环中的增减性。判别各组成环的增减性用"电流法",即把建立好的尺寸链当作一个闭合回路,设想有电流在其中流动并标出流动方向,那么在各组成环中凡是与封闭环方向相同的组成环是减环,凡是与封闭环方向相反的组成环是增环。前面三步做好且做对后,第四步代入公式计算即可。下面通过3个实例来说明尺寸链换算的方法和步骤。

例3-1 加工如图3-7所示的轴颈时,图纸要求保证键槽深度 $t = 4^{+0.16}_{\ 0}$ mm 的有关工艺过程如下:
① 车外圆至 $\phi 28.5_{-0.10}$;

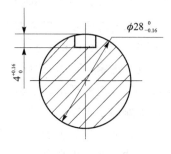

图3-7 轴 颈

② 在铣床上按尺寸 H 铣键槽深度;

③ 热处理;

④ 磨外圆至尺寸 $\phi 28_{-0.16}^{0}$。

若磨后外圆与车后外圆的同轴度误差为 $\phi 0.01$,试计算铣键槽的工序尺寸。

解

(1) 建立尺寸链：

① 确定封闭环:加工的目的是为了保证设计图纸上的技术要求。本题零件所涉及的设计尺寸有两个,分别是轴径 $28_{-0.16}^{0}$ 和键槽的深度 $14_{0}^{+0.16}$。最终工序磨工时,直接保证更便于测量的轴径,键槽的深度属于间接保证的设计尺寸,可以其为封闭环建立起一条工艺尺寸链。

② 画出尺寸链图(见图 3-8)。

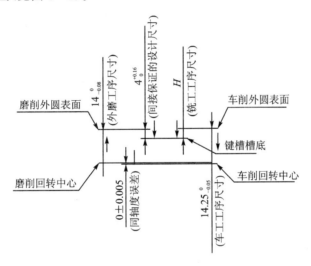

图 3-8 尺寸链

③ 用"箭头法"判断增减环:

▶ 14、H、0 与封闭环的箭头方向相反,为增环。

▶ 14.25 与封闭环的箭头方向相同,为减环。

④ 验算公差关系:

$$T_{\Sigma} = 0.16 > \sum T_i = 0.08 + 0.05 + 0.01 = 0.14$$

尺寸 H 有 0.02 的公差带宽度,可计算。

(2) 列方程,进行中间计算。

$$4 = (14 + H + 0) - 14.25 \quad ①$$
$$0.16 = (0 + \text{ES}H + 0.005) - (-0.05) \quad ②$$
$$0 = (-0.08 + \text{EI}H - 0.005) - (0) \quad ③$$

由①得 $H=4.25$,由②得 $\text{ESH}=0.105$,由③得 $\text{EIH}=0.085$。

故铣工工序尺寸 $H=4.25^{+0.105}_{+0.085}$。

例 3-2 图 3-9 所示为一轴套零件简图及部分工序图,零件最后四道工序的加工过程如下:

① 工序 5 精车小端外圆、端面及肩面;

② 工序 10 钻孔;

③ 工序 15 热处理;

④ 工序 20 磨孔及底面;

⑤ 工序 25 磨小端外圆及肩。

试求工序尺寸 A、B。

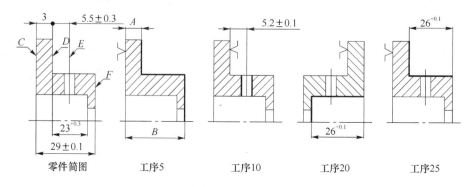

图 3-9 轴套零件加工

解

(1) 建立尺寸链

① 确定封闭环:零件图上共有 4 个设计尺寸,即 3、5.5、23 和 29,其中前 3 个尺寸都与外圆台阶面 D 有关。从工序图可以看出,D 面的最后一次加工在工序 25,所以工序 25 是前 3 个设计尺寸的最终工序。工序 25 的工序尺寸为 26,前 3 个设计尺寸均未在工序 25 的工序图中出现,所以 3、5.5、23 均属于间接保证的设计尺寸,具有封闭环的性质,可建立起 3 条工艺尺寸链。

② 分别追溯 3 个设计尺寸的获得过程,并画出尺寸链图如图 3-10～图 3-12 所示。

③ 用"箭头法"判断增减环。

在图 3-11 所示尺寸链中 26、5.2、A 与封闭环的箭头方向相反,为增环。

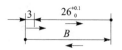

图 3-10 以 3 为封闭环的工艺尺寸链

B 与封闭环的箭头方向相同,为减环。

在图 3-12 所示尺寸链中 26、26 与封闭环的箭头方向相反,为增环。

B 与封闭环的箭头方向相同,为减环。

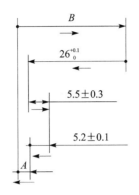

图 3-11 以 5.5 为封闭环的工艺尺寸链

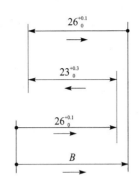

图 3-12 以 23 为封闭环的工艺尺寸链

（2）列方程，进行中间计算

因设计尺寸 3 为自由公差，公差关系更容易满足，故先在图 3-12 所示尺寸链中计算出 B，再将结果带入到图 3-11 所示尺寸链中计算出 A。

① 在图 3-12 所示尺寸链中计算出 B

$23=(26+26)-B$ 由此式得 $B=29$；

$0.3=(0.1+0.1)-EIB$ 由此式得 $EIB=-0.1$；

$0=(0+0)-ESB$ 由此式得 $ESB=0$。

故工序尺寸 $B=29_{-0.1}^{0}$。

② 在图 3-11 尺寸链中计算出 A

$5.5=(26+5.2+A)-29$ 由此式得 $A=3.3$；

$0.3=(0.1+0.1+ESA)-(-0.1)$ 由此式得 $ESA=0$；

$-0.3=(0-0.1+EIA)-(0)$ 由此式得 $EIA=-0.2$。

故工序尺寸 $A=3.3_{-0.2}^{0}$。

例 3-3 图 3-13 所示为轴套内孔的简图，设计尺寸是：孔径 $\phi 40_{0}^{+0.05}$ 需淬硬，键槽尺寸深度为 $46_{0}^{+0.3}$ mm。孔和键槽的加工顺序如下：

① 镗孔至 $\phi 39.6_{0}^{+0.1}$；

② 插键槽，工序尺寸为 A；

③ 热处理；

④ 磨内孔至 $\phi 40_{0}^{+0.05}$，同时保证 $46_{0}^{+0.3}$ mm。

试求：

① 假设磨孔和镗孔的同轴度误差可忽略，插键槽的工序尺寸及其公差。

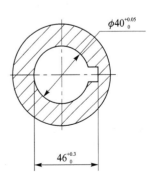

图 3-13 零件简图

② 假设磨孔和镗孔的同轴度误差为 $\phi0.02$，插键槽的工序尺寸及其公差。

解：第一种情况：忽略同轴度误差时。

(1) 建立工艺尺寸链

① 确定封闭环：零件图上的两个设计尺寸均在磨削内孔的工序获得。但由于孔径更便于测量，所以直接保证孔径 40，键槽的深度尺寸间接保证，具有封闭环的性质，可以其为封闭环建立工艺尺寸链。

② 画出尺寸链图：通过追溯设计尺寸 46 的形成过程，画尺寸链图如图 3-14(a) 所示。

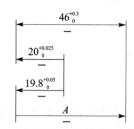

(a) 不考虑安装误差时的工艺尺寸链

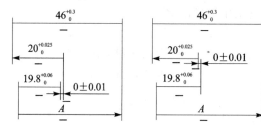

将安装误差按 0 ± 0.01 处理时，不影响计算结果，左右两图等效

(b) 考虑安装误差时的工艺尺寸链

图 3-14 轴套零件工艺尺寸链图

③ 用箭头法判断增减环性质：20 和 A 为增环，19.8 为减环。

(2) 列方程求工序尺寸 A

$46=(20+A)-19.8$ 由此式得 $A=45.8$；

$0.3=(0.025+\mathrm{ESA})-0$ 由此式得 $\mathrm{ESA}=0.275$；

$0=(0+\mathrm{EIA})-0.05$ 由此式得 $\mathrm{EIA}=0.05$。

故工序尺寸 $A=45.8^{+0.275}_{+0.05}$。

第二种情况：不忽略同轴度误差时。

(1) 建立工艺尺寸链

① 确定封闭环：封闭环还是间接保证的设计尺寸 46。

② 画出尺寸链图：通过追溯设计尺寸 46 的形成过程，画尺寸链图如图 3-14(b) 所示。由于没有忽略车削与磨削工序的安装误差，当追溯到车工工序尺寸时，尺寸链并没有封

闭,故必须把同轴度误差考虑进来,尺寸链才能封闭。在画尺寸链图时,有可能将安装误差画成减环(如图 3-14(b)左图),也有可能将其画成增环(如图 3-14(b)右图)。为了计算结果一致,可将安装误差的尺寸按 0 ± 0.01 代入,图 3-14(b)左、右两图计算结果相同。

③ 用箭头法判断增减环性质(按图 3-14(b)左图):20 和 A 为增环,19.8 和安装误差 0 ± 0.01 为减环。

(2) 列方程求工序尺寸 A

$46=(20+A)-(19.8+0)$　　　由此式得 $A=45.8$;

$0.3=(0.025+ESA)-(0-0.01)$　　由此式得 $ESA=0.265$;

$0=(0+EIA)-(0.05+0.01)$　　　由此式得 $EIA=0.06$。

故工序尺寸 $A=45.8^{+0.265}_{+0.06}$。

由计算可知:由于磨孔和镗孔的同轴度误差为 $\phi0.02$,插键槽的工序尺寸的公差变小了,所以加工难度增大了。

3.4.2 工艺尺寸链的应用

前面介绍了尺寸链换算的方法与步骤,但在生产科研实践中,尺寸链的换算主要用于以下几个方面。

1. 工序基准与设计基准不重合

工艺人员在编制工艺规程时,由于某种原因,工序基准与设计基准不重合,工序尺寸及公差就无法直接按零件图上的尺寸来取,必须进行工艺尺寸链的换算。

如图 3-15 所示,图(a)为零件图的部分尺寸要求,图(b)为加工的工序图,图(c)为相关尺寸构成的尺寸链。

由图 3-15(a)可知,C 面的设计基准是 B 面;为了便于工件的安装,工序基准选为 A 面如图 3-15(b)所示。因此,工序基准与设计基准不重合,尺寸 F 必须经过尺寸链换算后才能确定。

那么,由 118、54、F 三个尺寸构成的尺寸链如图 3-15(c)所示。在这个尺寸链中,尺寸 54 是封闭环,尺寸 118 是增环,尺寸 F 是减环(注:图 3-15(c)所示的尺寸链中,箭头方向表示电流流动方向,这样尺寸链显得更加清晰)。由尺寸链公式可得

封闭环的公称尺寸:$54=118-F_g$,$F_g=64$。

封闭环的上偏差:$0=-0.04-F_s$,$F_s=-0.04$。

封闭环的下偏差:$+0.1=0-F_x$,$F_x=-0.1$。

故尺寸 $F=64^{-0.04}_{-0.1}$。

由以上计算可知:若工序基准与设计基准不重合,则工序尺寸的公差就减小了。因此,在确定工序基准时应尽量使工序基准与设计基准重合。

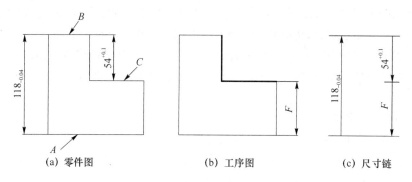

图 3-15 工序基准与设计基准不重合的尺寸链换算

2. 定位基准与工序基准不重合

在自动获得尺寸的情况下,定位基准与工序基准不重合,就会产生定基误差,从而增加了加工难度。

如图 3-16 所示,图(a)为工序图的部分尺寸要求,图(b)为加工时的示意图,图(c)为相关尺寸构成的尺寸链。

由图 3-16(a)可知,C 面的工序基准是 B 面;为了便于工件的安装,定位基准选为 A 面如图 3-16(b)所示。因此,定位基准与工序基准不重合,用于调整刀具的位置尺寸 F 就必须经过尺寸链换算后才能确定。

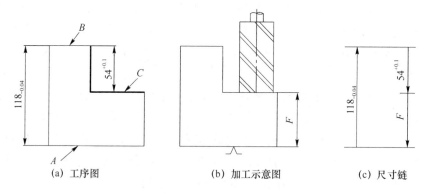

图 3-16 定位基准与工序基准不重合的尺寸链换算

那么,由 118、54、F 三个尺寸构成了尺寸链如图 3-16(c)所示。在这个尺寸链中,尺寸 54 是封闭环,尺寸 118 是增环,尺寸 F 是减环。由尺寸链公式可得

封闭环的公称尺寸:$54=118-F_g$,$F_g=64$。

封闭环的上偏差:$0=-0.04-F_s$,$F_s=-0.04$。

封闭环的下偏差:$+0.1=0-F_x$,$F_x=-0.1$。

故尺寸 $F = 64_{-0.1}^{-0.04}$。

由以上计算可知：若定位基准与工序基准不重合，则使零件的加工难度加大，零件的加工精度也会降低。因此，在选择定位基准时，应尽量使定位基准与工序基准重合。

3. 测量基准与工序基准不重合

在生产中有时测量基准与工序基准或设计基准不重合，如图 3-17(a)所示。两孔的中心距为 50，其工序基准是 A，但工序基准是假想的(孔的中心)，无法测量。为了便于检测尺寸 50，只能选择 B 点或 C 点作为测量基准，这样测量基准就与工序基准不重合了，那么只能通过尺寸 F 来间接保证尺寸 50。

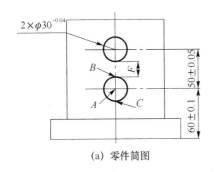
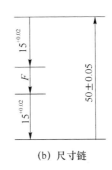

(a) 零件简图　　　　　　　　(b) 尺寸链

图 3-17　测量基准与工序基准不重合的尺寸链换算

那么，尺寸 F 等于多少才能保证尺寸 50 呢？这就要通过尺寸链换算才能确定。经过分析可知：由两个 15 及 50、F 四个尺寸构成的尺寸链如图 3-17(b)所示，其中，尺寸 50 是封闭环，两个 15、F 三个尺寸是增环。由尺寸链公式可得

封闭环的公称尺寸：$50 = 15 + 15 + F_g$，$F_g = 20$。

封闭环的上偏差：$+0.05 = 0.02 + 0.02 + F_s$，$F_s = +0.01$。

封闭环的下偏差：$-0.05 = 0 + 0 + F_x$，$F_x = -0.05$。

故尺寸 $F = 20_{-0.05}^{+0.01}$。

由此可知：若测量基准与工序基准不重合，则增加了零件的检测难度。因此，在选择测量基准时应尽量使测量基准与工序基准重合。

4. 多尺寸保证

在设计工艺过程时，一般情况下加工一个表面时保证一个工序尺寸是比较容易的，但是，对于一些精度要求较高的表面，一般都要进行精加工，而其他次要表面均在半精加工阶段加工完毕，所以生产中常有多尺寸保证问题要进行尺寸链换算。

(1) 直接保证精度高的尺寸

如图 3-18 所示，图(a)为某一短套零件的部分尺寸要求，图(b)为最后几道工序加工工序

图,图(c)为尺寸链图。

由图 3-18(b)工序 40 可知:在加工 M 面的同时要保证 9、10(小孔中心距尺寸)两个尺寸,尺寸 10 的公差大于尺寸 9 的公差。所以,工序尺寸 9 可直接保证,而小孔中心距 10 间接保证,其尺寸链如图 3-18(c)所示。根据尺寸链方程可得

封闭环的公称尺寸:$10=9.2+F_g-9, F_g=9.8$。

封闭环的上偏差:$+0.18=0+F_s-(-0.09), F_s=+0.09$。

封闭环的下偏差:$-0.18=-0.09+F_x-0, F_x=-0.09$。

故尺寸 $F=9.8\pm0.09$。

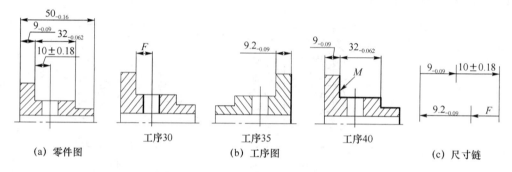

图 3-18 多尺寸保证的尺寸链换算

(2) 表面渗碳(镀层)

如某套类零件,其内孔的加工工序如下:

① 车内孔至 $\phi 20^{+0.1}$。

② 热处理(渗碳),工艺要求渗碳层深度为 t。

③ 磨内孔至 $\phi 20^{+0.04}$,并要求保证渗碳层深度为 0.1~0.5 mm。

分析零件的加工过程可知,在磨孔时,同时要保证 $\phi 20^{+0.04}$ 和渗碳层深度为 0.1~0.5 mm,对于这两个尺寸究竟应直接保证哪个尺寸呢?原则是精度高的尺寸要直接保证,而精度低的尺寸只能间接保证。其尺寸链如图 3-19 所示,在这个尺寸链中:尺寸 0.1 是间接保证的,所以是封闭环,尺寸 $10^{+0.05}$ 和 t 是增环,尺寸 $10^{+0.02}$ 是减环。由尺寸链公式可得

封闭环的公称尺寸:$0.1=10+t_g-10, t_g=0.1$。

封闭环的上偏差:$+0.4=0.05+t_s-0, t_s=+0.35$。

封闭环的下偏差:$0=0+t_x-0.02, t_x=+0.02$。

故渗碳层深度尺寸 $t=0.1^{+0.35}_{+0.02}$。

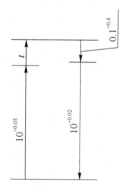

图 3-19 尺寸链

(3) 余量校核

在编制工艺规程时,在确定工序及工序尺寸后,某一个表面的加工余量是否合理、足够就要进行校核,余量校核要用到尺寸链换算。

图 3-20 所示为一个轴的加工过程中的几道工序简图,要校核加工 M 面时余量是否足够,根据对加工过程的分析可知:22、20.6、50、52、Z 五个尺寸构成的尺寸链如图 3-20(b) 所示,其中 Z 表示加工 M 面的余量大小。在这个尺寸链中。因为余量是被间接保证的,所以余量 Z 是封闭环,尺寸 20.6、52 是增环,尺寸 22、50 是减环。由尺寸链公式可得

封闭环的公称尺寸:$Z_g = 20.6 + 52 - 22 - 50, Z_g = 0.6$。

封闭环的上偏差:$Z_s = 0 + 0 - (-0.2) - (-0.2), Z_s = +0.4$。

封闭环的下偏差:$Z_x = -0.1 - 0.4 - 0 - 0, Z_x = -0.5$。

故尺寸 $Z = 0.6^{+0.4}_{-0.5}$,因此 M 面的加工余量 0.1~1 mm 之间变化。

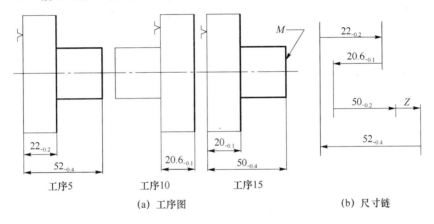

(a) 工序图　　　　　　　　　　(b) 尺寸链

图 3-20　余量校核

5. 求定基误差

在求定基误差时,有时要用到尺寸链换算。如图 3-21(a) 所示,在工序图中,对于工序尺寸 65 来说,工序基准为 A 面,而在零件加工时,定位基准是 B 面,因此,定位基准与工序基准不重合,就存在定基误差,定基误差的大小等于定位尺寸(定位尺寸就是定位基准到工序基准之间的距离)的公差。

那么,定位尺寸的公差是多少呢?这就要通过尺寸链换算才能确定。经过分析可知:由 46、110、F 三个尺寸构成的尺寸链如图 3-21(b) 所示,其中,尺寸 F 是封闭环,尺寸 110 是增环,尺寸 46 是减环。

故此,定基误差为

$$\Delta d = 定位尺寸的公差 = 封闭环的公差 = 0.05 + 0.05 = 0.1$$

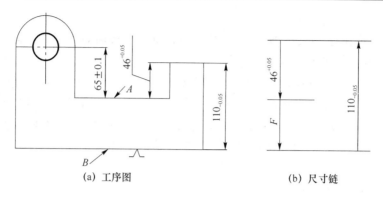

图 3-21 定基误差的尺寸链换算

3.5 工艺规程编制实例

在第 2 章中讲了工艺路线的拟定,本章前面又讲了工序的设计,工艺规程的编制过程是一个综合应用机械加工理论知识和实践经验的过程,是一项涉及内容多、综合性强、灵活性高及与生产条件密切相关的工作。那么,在生产实践中工艺规程如何编写?编写中应该注意哪些问题?下面就通过一个实例来说明工艺规程的编写以及应注意的问题。

图 3-22 所示为某衬套的零件图,材料为 45 号钢,毛坯为棒料,零件数量为 50 件,零件要求热处理,HRC48~52。

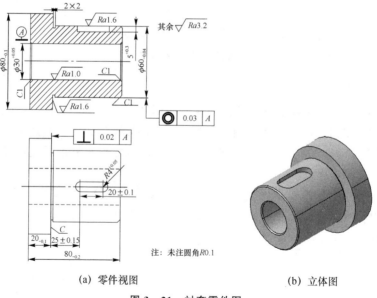

图 3-21 衬套零件图

编制零件的加工工艺规程,常用两种表格,即机械加工工艺路线表(见表 3-5)和机械加工工序卡(见表 3-6)。

表 3-5 机械加工工艺路线表

陕西航空职业技术学院		机械加工工艺路线表				第 页	
						共 页	
产品型号:		零(组)件号:		零件图号:		材料:	毛坯:
工序号	工序名称	机 床		工艺装备		备 注	
		名 称	型 号	名 称	图 号		

表 3-6 机械加工工序卡

陕西航空职业技术学院		机械加工工序卡		工序名称		工序号		第 页
				机 床		夹 具		共 页
零件名称		零件图号		工 步			工 具	
				工步号	内 容		刀 具	量 具
				附注:				
				学生			指导教师	

1. 零件的工艺分析

(1) 设计基准分析

由图 3-22 可知:零件在空间三个方向的主设计基准为 C 面和 $\phi 30^{+0.05}_{\ \ 0}$ 孔的中心线。

(2) 技术要求分析

由图 3-22 可以看出:零件结构比较简单,最高精度为 $\phi 60^{\ \ 0}_{-0.04}$(IT8),表面粗糙度为 $Ra1.6$,其主要表面为 $\phi 30^{+0.05}_{\ \ 0}$ 的内孔、$\phi 60^{\ \ 0}_{-0.04}$ 的外圆及 C 端面,还有 $\phi 60^{\ \ 0}_{-0.04}$ 的外圆与 $\phi 30^{+0.05}_{\ \ 0}$ 的内孔的同轴度、C 端面与 $\phi 30^{+0.05}_{\ \ 0}$ 的内孔垂直度要求,其他表面为次要表面。

(3) 加工阶段的划分

此零件结构较简单,加工要求为中等精度,零件刚性较好,零件有热处理要求,因此加工过程应划分为两个阶段,即热处理前为粗加工阶段,热处理后为精加工阶段。

2. 工艺路线的拟定

综上分析可知:该零件的工艺路线为车工→车工→铣工→检验→热处理→磨工→磨工→

终检,具体如表 3-7 所列。

表 3-7　机械加工工艺路线表

陕西航空职业技术学院		机械加工工艺路线表			第 10 页	
					共 1 页	
产品型号:	零(组)件号:	零件图号	SH—2009—5	材料:45 号	毛坯:棒料	
工序号	工序名称	机　床		工艺装备		备　注
		名　称	型　号	名　称	图　号	
5	车工	车床	C6140			
10	车工	车床	C6140			
15	铣工	铣床	X52			
20	检验					
25	热处理					
30	磨工	外圆磨床	M131W			
35	磨工	内圆磨床	MA2110			
40	检验					

3. 工序的设计

对于图 3-22 所示零件,由于该零件比较简单,不需要专用工艺装备,工序基准与定位基准选择也比较容易,在此就不再叙述,涉及的主要问题如下。

(1) 有关余量的确定

余量的确定采用经验估计法,磨削 C 端面的余量确定为 0.3 mm(单面),内、外圆磨削余量确定为 1 mm(双面)。

(2) 有关工序尺寸的确定

1) 工序 10 中尺寸 57 的确定

经过对零件的加工过程分析可知,建立尺寸链如图 3-23 所示。在这个尺寸链中,尺寸 20.3 和 C 是组成环,尺寸 80 为封闭环。由尺寸链公式可得

封闭环的公称尺寸:$80 = C_g + 20.3$,$C_g = 59.7$。

封闭环的上偏差:$0 = C_s + 0$,$C_s = 0$。

封闭环的下偏差:$-0.2 = C_x - 0.1$,$C_x = -0.1$。

故尺寸 $C = 59.7_{-0.1}$。

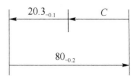

图 3-23 工序 10 中确定尺寸 57 的尺寸链

2) 工序 15 中铣键槽深度尺寸的确定

根据零件的加工过程,建立尺寸链如图 3-24 所示。在这个尺寸链中,尺寸 30.5、30 和 A 是组成环,尺寸 5 为封闭环。由尺寸链公式可得

封闭环的公称尺寸:$5 = A_g + 30 - 30.5$,$A_g = 5.5$。

封闭环的上偏差:$+0.3 = A_s + 0 - (-0.05)$,$A_s = +0.25$。

封闭环的下偏差:$0 = A_x - 0.02 - 0$,$A_x = +0.02$。

故尺寸 $A = 5.5^{+0.25}_{+0.02}$。

3) 工序 15 中铣键槽位置尺寸的确定

根据零件的加工过程,建立尺寸链如图 3-25 所示。在这个尺寸链中,尺寸 20、20.3 和 B 是组成环,尺寸 25 为封闭环。由尺寸链公式可得

封闭环的公称尺寸:$25 = B_g + 20.3 - 20$,$B_g = 24.7$。

封闭环的上偏差:$+0.15 = B_s + 0 - (-0.1)$,$B_s = +0.05$。

封闭环的下偏差:$-0.15 = B_x - 0.1 - 0$,$B_x = -0.05$。

故尺寸 $B = 24.7 \pm 0.05$。

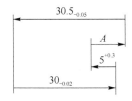

图 3-24 铣键槽深度尺寸的尺寸链

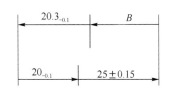

图 3-25 铣键槽位置尺寸的尺寸链

各工序的具体内容如表 3-8 所列。

表 3-8 机械加工工序卡

陕西航空职业技术学院		机械加工工序卡		工序名称	车工	工序号	5	第 10 页
				机 床	C6140	夹 具		共 3 页
零件名称	零件图号							
衬套	SH—2009—5			工步号	工步内容	刀 具		工 具 量 具
				1	车右端面	90°偏刀		卡尺
				2	粗钻φ29的孔	φ10的钻头		卡尺
				3	镗内孔	镗刀		卡尺
				4	车φ80外圆	90°偏刀		卡尺
				5	车φ61外圆	90°偏刀		卡尺
				6	车尺寸23右端面	90°偏刀		卡尺
				7	切2×2砂轮越程槽	切槽刀		
				8	倒角	45°弯头车刀		
附注:								
学生	王强			指导教师		孙老师		

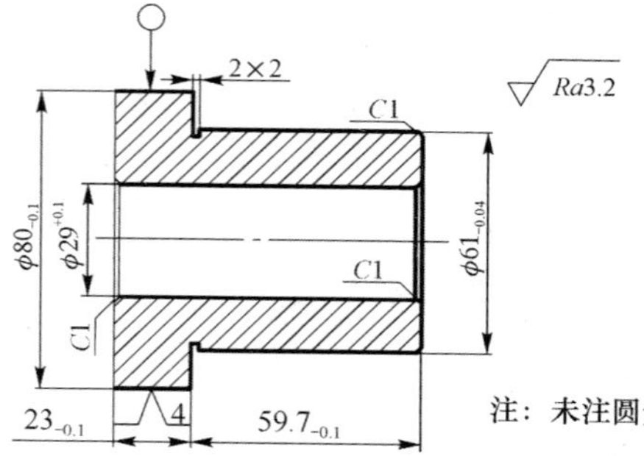

注: 未注圆角R0.1

续表 3-8

陕西航空职业技术学院	机械加工工序卡	工序名称	车工	工序号	10	第10页
		机 床	C6140	夹 具		共4页
		工步号	内 容		刀 具	量 具
		1	车右端面		90°偏刀	卡尺
		2	倒角		45°弯头车刀	卡尺
		附注:				
		学生	王强	指导教师		孙老师

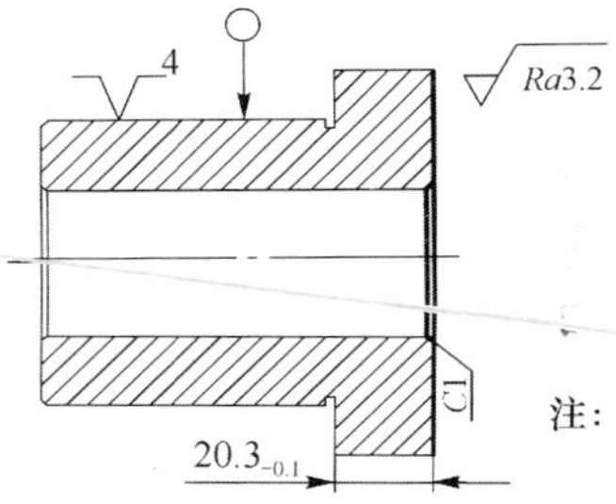

注：未注圆角 R0.1

续表 3-8

陕西航空职业技术学院		机械加工工序卡		工序名称	铣工	工序号	15	工 具		第 10 页 共 5 页
零件图号		SH—2009—5		机 床	X52	夹 具		量 具	卡尺	
				工 步 内 容				刀 具	键铣刀	
零件名称	衬套			工步号						
				1	铣键槽					
附注:										
学生		王强				指导教师		孙老师		

续表 3-8

陕西航空职业技术学院	机械加工工序卡	工序名称	检验	工序号	20	第10页 共6页
		机床	夹具	工具	刀具	量具
		工步	内容			
			按工序图要求检查零件			
零件名称 衬套	零件图号 SH-2009-5	工步号				
		附注:			学生 王强	指导教师 孙老师

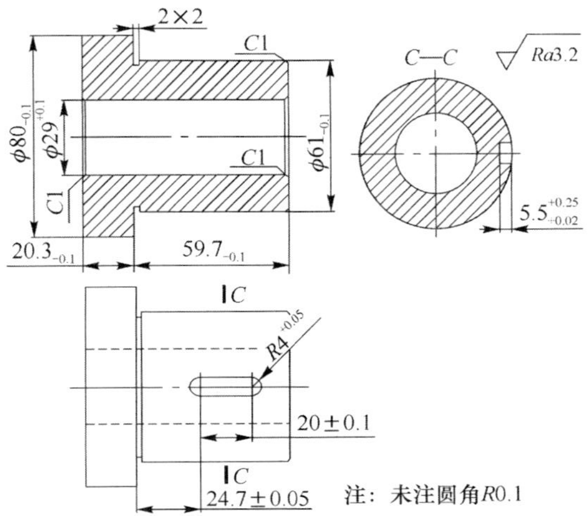

注：未注圆角R0.1

续表 3-8

陕西航空职业技术学院		机械加工工序卡		工序名称	热处理	工序号	25		第10页
				机 床		夹 具			共7页
零件图号		SH-2009-5		工步号	工 步 内 容		刀 具		工 具 量 具
					淬火 HRC48~52				
零件名称	衬套								
				附注：	学生	王强	指导教师		孙老师

续表 3-8

陕西航空职业技术学院		机械加工工序卡		工序名称		工序号		30		第 10 页
				磨工						共 8 页
零件图号		SH-2009-5		机 床		夹 具				
				M131W						
				工 步 内 容		工 具				
						刀 具			量 具	
零件名称		衬套		工步号						
				1	磨 φ60 外圆	砂轮			外径千分尺	
				2	磨端面	砂轮			卡尺	
				附注：		学生	王强		指导教师	孙老师

续表 3-8

陕西航空职业技术学院	机械加工工序卡	工序名称	工序号								第10页
		磨工	35								共9页
零件名称	零件图号	机 床	夹 具	刀 具							工 具
衬套	SH-2009-5	MA2110		砂轮							量 具
		工步号	工步内容								内径千分尺
		1	按工序要求磨内孔								

附注:

| 学生 | 王强 | 指导教师 | 孙老师 |

零件图:φ30+0.05, φ60-0.04, Ra1.6, ⌾ 0.03 A

续表 3-8

陕西航空职业技术学院	机械加工工序卡	零件名称	衬套	零件图号	SH-2009-5	工序名称	检验	工序号	40	第 10 页 共 10 页
						机 床		夹 具	刀 具	量 具
工步号	工 步 内 容									
	按零件图要求全面检查零件									

附注：

学生　王强　　指导教师　孙老师

4. 工艺规程中常用表格的填写

各个生产单位根据产品、生产习惯和生产类型等的不同,其机械加工工艺路线表及机械加工工序卡也不相同,但主要内容都差不多。

(1) 机械加工工艺路线表的填写

① "工序号"栏:一般工序号以 5、10、15、20…编号,这样便于在中间增加工序号,相邻工序号之间空两行。

② "工序名称"栏:工序名称要规范、简明,如车工、铣工、钳工、磨工和热处理等。

③ "机床型号"栏:要填写具体的机床型号。

④ "夹具"栏:只填写专用工艺装备的名称和图号。

图 3-21 所示零件的机械加工工艺路线表见表 3-7。

(2) 机械加工工序卡的填写

① 一张机械加工工序卡一般只填写一道工序。

② 工序卡上的产品型号、零(部)件号和零件名称、材料名称、工序号、工序名称、机床型号、夹具名称及图号要与工艺路线表上一致。

③ 工步按 1、2、3…编号。

④ 后面的工序可以借用前面的工序图。

图 3-21 所示零件的机械加工工序卡见表 3-8。

(3) 工序简图的画法

工序简图表示本工序加工时工件的位置、标注定位和夹紧面、加工表面、加工尺寸及表面粗糙度等工艺内容。工序简图一般按一定的比例画出,视图数量能清楚表达出上述内容即可。

① 以零件的加工状态作为视图选择的原则,工序简图主视图投影方向应与工件的加工位置一致,即与工件在机床上的装夹位置一致。工件的结构、形状、尺寸要与本工序加工后的情况一致,后续工序形成的结构、形状和尺寸不能出现在本工序简图上。

② 工序简图用细实线绘制,其中用粗实线表示本工序的加工部位。视图中与本工序无关的次要结构和线条可以略去不画。

③ 视图的大小可以不按比例绘制,但比例要适当。

④ 工序简图上应标注本工序的工序尺寸及上下偏差、加工部位的表面粗糙度、必要的形位公差等,不便于标注的可用简单文字说明。

⑤ 工序简图中应标注出定位、夹紧符号表示工件的定位及夹紧情况。夹紧符号的标注方向应与夹紧力的实际方向一致。当用符号表示不明确时,可用文字补充说明。

⑥ 若采用数控加工,则工序简图应注明编程原点与对刀点。

(4) 工艺规程的装订

工艺规程的装订比较简单,按工艺规程封面、机械加工工艺路线表、机械加工工序卡的顺序来装订即可。

习题与思考题

3-1 机械加工机床选择的基本原则和方法是什么？

3-2 夹具、刀具选择的基本原则是什么？

3-3 影响余量的因素有哪些？

3-4 确定余量的方法有几种？各种方法用在何种场合？

3-5 有一小轴，毛坯为热轧棒料，大批量生产的工艺路线为：粗车→半精车→淬火→粗磨→精磨，外圆设计尺寸为 $\phi 30_{-0.013}$，已知各工序的加工余量和经济精度，试确定各工序尺寸及偏差、毛坯尺寸及粗车余量，并填入下表（余量为双边余量）：

名 称	余 量	经济精度	工序尺寸	名 称	余 量	经济精度	工序尺寸
精磨	0.1	0.013(IT6)		粗车		0.21(IT12)	
粗磨	0.4	0.033(IT8)		毛坯	4(总余量)		
半精车	1.1	0.084(IT10)					

3-6 加工如图 3-26 所示零件时，图纸要求保证尺寸 6 ± 0.1，但这一尺寸不便直接测量，只好通过测量尺寸 L 来间接保证，试求工序尺寸 L 的大小。

3-7 某零件的加工路线如图 3-27 所示：

① 工序 5 粗车小端外圆、肩面及端面；

② 工序 10 车大端外圆及端面；

③ 工序 15 精车小端外圆、肩面及端面。

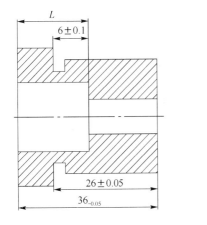

图 3-26 不便测量的尺寸链换算

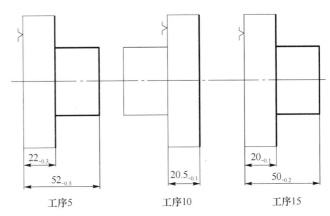

图 3-27 短轴的加工

试校核工序 15 精车小端面的余量是否合适？若余量不够，应如何改进？

3-8 图 3-28 所示为一小轴零件简图及部分工艺过程:

① 工序 5 车端面 D、$\phi 22$ 外圆及肩面 C。端面 D 留磨削余量 0.2 mm,端面 A 留车削余量 1 mm,得工序尺寸 A_1、A_2。

② 工序 10 车端面 A、$\phi 20$ 外圆及肩面 B,得工序尺寸 A_3、A_4。

③ 热处理。

④ 工序 15 磨端面 D 得工序尺寸 A_5。

试求各工序尺寸 A_1、A_2、A_3、A_4、A_5 及其偏差,并校核端面 D 的磨削余量。

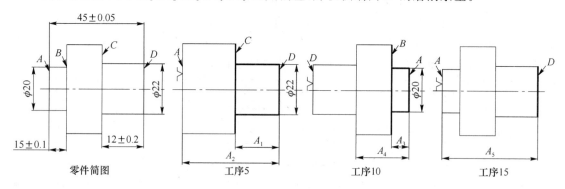

图 3-28 阶梯轴的加工过程

3-9 某一小轴零件图上规定其外圆直径为 $\phi 32_{-0.05}$,渗碳深度为 0.5~0.8 mm,其工艺过程为:车→渗碳→磨。已知,渗碳时的工艺渗碳深度为 0.8~1.0 mm。试计算渗碳前车削工序的直径尺寸及上下偏差。

3-10 图 3-29 所示为一小轴零件简图及部分工序图,试问:

(1) 零件尺寸 $40_{-0.3}$ 能否保证?

(2) $H=$?

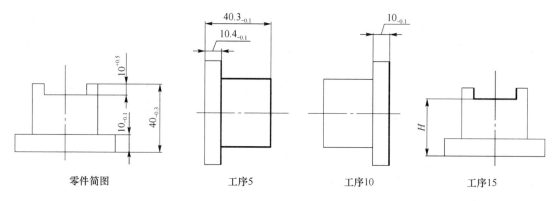

图 3-29 小轴的加工过程

3-11 某零件的工艺过程如图 3-30 所示,试校核端面 K 的加工余量是否足够?

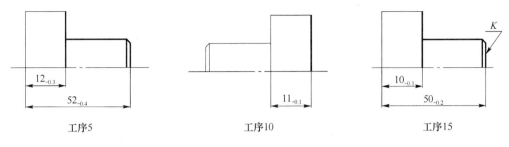

工序5　　　　　　　工序10　　　　　　　工序15

图 3-30　加工余量的校核

3-12　某一零件最后精磨端面的工序图如图3-31所示。该表面在加工前已镀铬，零件图要求铬层厚度为 0.05～0.12 mm，试求该零件镀铬前粗磨时的厚度尺寸及公差。

3-13　图3-32所示零件已在车床上加工完外圆、内孔及各表面，现在需要在铣床上铣右端缺口，求试切和调整刀具时的测量尺寸 H、A 及其上下偏差。

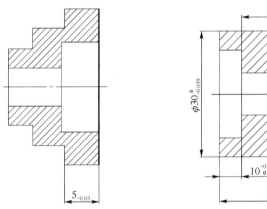

图 3-31　镀层尺寸的计算　　　　图 3-32　铣右端缺口

3-14　设一零件，材料为2Cr13，其内孔的加工顺序如下：

① 车内孔 $\phi 31.8^{+0.14}_{\ 0}$；

② 氰化；

③ 磨内孔 $\phi 32^{+0.03}_{+0.01}$，要求保证氧化层深度为 0.1～0.3 mm。试求氰化工序的工艺氧化层深度 t。

3-15　如图3-33所示，以 A 面定位加工孔 $\phi 20H8$，试求加工尺寸 (40 ± 0.1) mm 的定基误差。

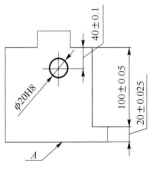

图 3-33　题 3-15 图

第 4 章 机械加工精度

4.1 概 述

产品的质量与零件的加工质量和装配质量有着密切的关系。它直接影响产品的性能和寿命。对机械产品来说,要求有极高的技术性能和可靠性,所以更应该重视质量。因此,在机械工业部门需要重视现代科学技术成果的应用,以不断提高产品的质量。

一个零件的质量是通过一些参数来表示的:如几何参数(形状、尺寸、表面粗糙度等)、物理-机械参数(强度、硬度、磁性等),以及其他一些参数(如耐蚀性等)。这些参数的具体要求都是通过零件的设计图纸表达的。

零件的质量要求是在设计时,根据产品性能、工作条件、使用寿命和制造的经济性等规定的。在零件制造时要通过工艺过程的各个阶段(毛坯制造、零件加工、热处理、表面处理等)达到。在机械加工过程中,由于各种因素的影响,要制造出绝对准确的零件是不可能的,因此,从工艺观点来看,零件的几何和物理参数必须有一定的变动范围;从设计观点来看,只要保证产品的工作要求和使用性能,也没有必要要求零件绝对准确,而可以根据具体情况允许零件的参数有一定的变动范围。在制造零件时,只要实际的加工误差在允许的偏差范围之内,该零件即被认为是合格的,即设计规定的精度要求必须在加工工艺过程中得到保证。

为便于分析研究,通常把零件在加工后的实际宏观几何参数(尺寸、形状、位置关系)和设计图纸规定的几何参数相符合(或相近似)的程度称为加工精度,而把它们之间不相符合(或差异)的程度称为加工误差。加工精度在数值上通过加工误差的大小来体现。加工误差越大,则加工精度越低;反之,加工误差越小,则加工精度越高。各种加工方法所得到的实际参数都不会是绝对准确一致的,要求加工误差不超过图纸规定的偏差即为合格品。加工精度的高低是以国家有关公差标准来表示的。

研究分析加工误差的产生,掌握其变化的基本规律,是保证和提高零件加工精度的主要任务。

4.2 加工误差产生的原因

零件的尺寸、几何形状和表面间位置关系的形成,主要取决于工件和切削工具在切削过程中的相互位置和一定的相对运动。在加工过程中,机床、夹具、工件和切削工具组成了一个完整的系统,称为工艺系统。

零件加工以后,在尺寸、形状和表面间相关位置上,不可避免地存在着误差。这些误差产生的原因,又与切削加工时的工艺系统——机床、夹具、刀具、工件本身的几何精度,以及它们在工作中因磨损或切削力、重力等作用引起的弹性变形、因温升引起的热变形等有关。因此,需要对上述产生加工误差的各个环节的主要因素进行详细的分析。

4.2.1 加工原理误差

加工原理误差又称加工方法误差,是指切削中采用近似的加工方法或近似的刀具形状而产生的。

例如,在车床上车削蜗杆时,蜗杆的螺距应等于蜗轮的齿距(即 πm),其中 m 是模数,而 π 是一个无理数($\pi=3.14159$)。车床的配换齿轮的齿数是有限的,因此在选择配换齿轮时,只能将 π 化为近似的分数值计算,这样就会引起刀具相对工件的成型运动(螺旋运动)不准确,造成螺距误差。实际加工中,这种螺距误差可通过配换齿轮的合理选配而减小。又如滚切加工渐开线齿形时,为了便于工具制造,采用阿基米德基本蜗杆或法向直廓基本蜗杆来代替渐开线基本蜗杆的滚刀,因而产生了理论误差。另外,滚刀刀齿数有限,因而加工后不是光滑的渐开线齿形曲线,而是被折线所代替。所以,滚切齿轮是一种近似的加工方法。

采用近似的成型运动或近似的刀刃轮廓,虽然会带来加工原理误差,但往往可简化机床或刀具的结构,有时反而能得到高的加工精度。因此,只要其误差不超过规定的精度要求,在生产中仍能得到广泛应用。

4.2.2 工艺系统几何误差及其对加工精度的影响

工艺系统几何误差主要指机床、夹具、刀具本身在制造时所产生的误差、使用时的调整误差、工作中的磨损误差及工件的定位误差等。

1. 机床的几何误差

在机床上加工工件时,机床本身的精度是保证工件达到加工精度要求的重要因素。机床的制造误差、安装误差及使用中的磨损误差都直接影响工件的加工精度。其中,主要是回转运动、直线运动和传动链方面的误差。

(1) 主轴回转运动误差

机床主轴用以安装工件或切削工具,其回转精度会影响工件在加工时的表面形状、表面间的位置精度及表面粗糙度等,是机床精度的重要指标之一。主轴的回转误差,是指主轴实际的回转轴线相对其平均回转轴线(实际回转轴线的对称中心)在规定测量平面内的最大变动量。变动量越小,主轴的回转精度越高,反之则越低。

主轴的回转误差可分为三种基本形式:轴向窜动、径向圆跳动和角度摆动,如图 4-1 所示。

① 轴向窜动——主轴上任一瞬时回转轴线沿平均回转轴线方向的轴向运动,如图 4-1(a)所示。当车床主轴在旋转中有轴向窜动时,被加工零件产生端面振摆,车削螺纹时,就产生螺距误差。

② 径向圆跳动——主轴上任一瞬时回转轴线平行于平均回转轴线方向的径向运动,如图 4-1(b)所示。当车削柱形零件时,工件回转,其瞬时回转中心和刀尖之间的径向运动,使刀尖离开或靠近工件,引起切削深度变化,这一误差直接传递到工件上,就造成零件表面的圆度误差。

③ 角度摆动——主轴上任一瞬时回转轴线与平均回转轴线成一倾斜角度,如图 4-1(c)所示。它影响圆柱面和端面的加工精度。

在主轴回转运动过程中,上述三种基本形式往往同时存在,并以一种综合结果体现,即由几种运动形成的合成运动。

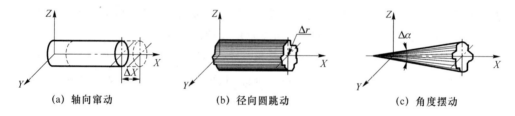

(a) 轴向窜动　　　　　　(b) 径向圆跳动　　　　　　(c) 角度摆动

图 4-1　主轴回转误差的基本形式

影响主轴回转运动误差的主要因素是主轴的误差、轴承的误差、轴承的间隙、与轴承配合零件的误差及热变形等。随着精密加工技术的发展,对机床主轴回转精度必然有更高的要求。因此,研究主轴旋转中心稳定性对加工精度的影响,对于改进机床主轴的结构和工艺方法,提高加工精度是很重要的。

(2) 导轨的导向精度误差

机床导轨副是实现直线运动的主要部件,其制造和装配精度是影响直线运动的主要因素,它直接影响工件的加工质量。

1) 导轨在水平面内的直线度误差的影响

在普通车床上,导轨水平面内的直线度误差影响刀尖运动轨迹,使工件产生圆柱度误差。

导轨面在水平面内的直线度误差,使刀尖产生水平位移,如图 4-2 所示。刀尖的水平位移会引起工件在半径方向的误差为 $\Delta y = y$,这一误差使被加工零件表面形成锥形、鼓形或鞍形。

2) 导轨在垂直面内的直线度误差的影响

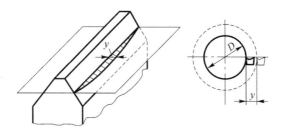

图 4-2 机床导轨在水平面内的直线度误差对加工精度的影响

导轨面在垂直面内的直线度误差,使刀尖产生垂直位移,如图 4-3 所示。刀尖在垂直面内的位移所引起的工件在半径方向的误差为

$$\Delta Z \approx \frac{Z^2}{D}$$

这一误差使被加工零件表面形成双曲面或鼓形等。

3) 导轨面平行度误差的影响

机床两导轨的平行度误差(扭曲)使工作台移动时产生横向倾斜,刀具相对于工件的成型运动将变成一条空间曲线,因而引起工件的形状误差。如车床两导轨的平行度误差(扭曲)使大溜板产生横向倾斜,刀具产生位移,引起工件形状误差,如图 4-4 所示,由几何关系可知

$$\Delta y \approx \frac{H\Delta}{B}$$

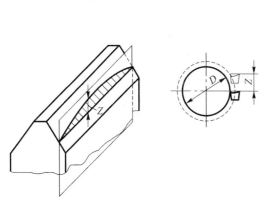

图 4-3 机床导轨在垂直面内的直线度误差
对加工精度的影响

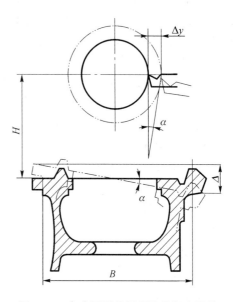

图 4-4 车床两导轨面间的平行度误差

以上分析说明了机床导轨的制造误差对工件加工精度的影响。如果机床在使用中磨损或安装不正确,同样会产生上述误差。为减小机床导轨误差对工件加工精度的影响,须采取必要的措施来保持机床原始精度。例如,应合理选用导轨材料,提高导轨表面硬度,以提高导轨的耐磨性;改善摩擦条件,以延长导轨使用寿命等。

(3) 传动链的传动精度误差

切削加工时,工件表面的成型运动是通过齿轮副、螺母丝杆副、齿轮齿条副及蜗轮蜗杆副等传动元件实现的。这些传动副在加工、装配和使用过程中产生的误差会影响加工工件,造成加工误差。

加工螺纹时

$$\omega_m p_m = \omega_g p_g \tag{4-1}$$

滚切加工直齿齿轮时

$$\omega_g = \frac{Z_d}{Z_g} \omega_d \tag{4-2}$$

式中:ω_m、p_m——机床母丝杠的角速度和导程;

ω_g、p_g——工件的角速度和导程;

ω_d——滚刀的角速度;

Z_d——滚刀头数;

Z_g——工件齿数。

为确保加工质量,加工螺纹和用展成法加工齿轮,刀具与工件间必须有准确的速比关系。这种准确的速比关系取决于机床传动系统中刀具与工件之间的内联传动链的传动精度。而该传动精度又取决于传动链中各传动零件的制造、装配和磨损精度。各传动零件在传动链中的位置不同,对传动链传动精度的影响程度也不同。传动链中,末端传动元件的转角误差对传动链传动精度的影响最大,将直接反映到工件的加工精度上。

为了提高传动精度,一般在工艺上常采取下列措施:
- 缩短传动链,以减少传动件个数,减少误差环节;
- 提高传动件的制造精度,特别是末端传动件的制造精度,对加工误差的影响较大;
- 提高传动件的装配精度,特别是末端传动件的装配精度,以减少因几何偏心而引起的周期误差。

此外,在使用过程中进行良好的维护保养以及定期维修,也是保证传动链传动精度的必要措施。

2. 夹具误差

在零件加工中,为了保证加工精度和提高劳动生产率,常常采用一些夹具,尤其是在大批量生产中,广泛采用专用夹具。

夹具上的定位元件、导向元件以及夹具体等零件的制造和装配误差,都会影响工件的加工精度。对于因夹具制造精度引起的加工误差,在设计夹具时,应根据工序公差的要求,予以分析和计算。一般精加工用夹具取工件公差的 1/2~1/3,粗加工夹具则一般取工件的 1/3~1/5。

夹具在使用过程中的磨损对工件的加工精度也有影响。因此,在设计夹具时,对于容易磨损的元件,如钻套、镗套、定位块等应做成可拆卸的,除选用较为耐磨的材料进行制造外,还应在夹具磨损到一定程度时,及时进行更换。

3. 刀具误差

刀具的误差包括制造误差和加工过程中的磨损。由于刀具的不同,它对工件加工精度的影响也不同。

(1) 定尺寸刀具

定尺寸刀具如钻头、铰刀、丝锥和键槽铣刀等,在加工时,刀具的尺寸直接决定了工件的尺寸,故加工表面的尺寸精度取决于刀具的制造误差。

(2) 定型刀具

定型刀具如成型车刀、成型铣刀和成型砂轮等,在加工时,刀具的形状直接决定了工件被加工表面的形状,从而影响工件的形状精度。

对于一般刀具,如普通车刀、镗刀和铣刀等,其制造精度对加工误差无直接影响。但如果切削工具的几何参数或材料选择不当,将使切削工具急剧磨损,而间接地影响加工精度。

在切削过程中,切削工具不可避免地要产生磨损,使原有的尺寸和形状发生变化,从而引起加工误差。刀具的磨损与工件材料、刀具材料、刀具几何形状和切削用量等因素有关。为了减小刀具制造误差和磨损对加工精度的影响,应根据工件材料及加工要求正确选择刀具材料、切削用量和冷却润滑液,并正确地对刀具进行刃磨,以减小刀具的磨损。

4.2.3 调整误差

在机械加工的每一道工序中,总是要对机床、夹具和刀具进行调整。调整的作用主要是使刀具与工件之间达到正确的相对位置,由于调整不可能绝对准确,因而会产生调整误差。工艺系统的调整有两种基本方式,即试切法和调整法。

(1) 单件小批生产中普遍采用试切法加工

方法是:对工件进行试切—测量—调整—再试切,直至达到所要求的精度为止。

引起试切法加工调整误差的主要因素如下:

① 测量误差。测量时的测量原理误差、测量工具的制造和读数误差以及测量环境和人员误差的总和都将影响测量结果,从而影响加工误差。

② 机床进给机构的位移误差。在试切中,总是要微量调整刀具的进给量。在低速微量进给中,常常会出现进给机构的"爬行"现象,其结果使刀具的实际进给量比转动手轮或手柄刻度

盘上的数值要偏大或偏小,造成加工误差。

③ 试切时与正式切削时切削层厚度不同的影响。精加工时,试切的最后一刀往往很薄,刀刃只起挤压作用;但正式切削时的深度较大,刀刃不打滑,会切下多一些,因此工件尺寸就与试切时不同,从而产生了尺寸误差。

(2) 大批大量生产中广泛采用调整法加工

调整法加工时的调整误差,除上述因素外,还与调整方法有关:当采用定程机构调整时,调整误差与定程机构(如行程挡块、靠模、凸轮等)的制造误差、安装误差、磨损以及与它们配合的电、液、气动控制元件的灵敏度有关;当采用样件、样板、对刀块和导套等调整时,与这些元件的制造和安装误差、磨损及调整时的测量误差有关。

4.2.4 工艺系统的受力变形

切削加工时,由机床、夹具、刀具和工件组成的工艺系统在切削力、夹紧力以及重力等的作用下,将产生相应的变形,使刀具和工件间在静态下调整好的相对位置以及切削成型运动所需要的正确几何关系发生变化,从而造成加工误差。

例如,在车床上车削细长轴时,如不采用中心架或跟刀架,则工件在切削力作用下会发生弯曲变形,加工后会产生鼓形的圆柱度误差,如图 4-5 所示。又如,在内圆磨床上用横向切入磨孔时,由于内圆磨床主轴弯曲变形,磨出的孔会带有锥度的圆柱度误差,如图 4-6 所示。

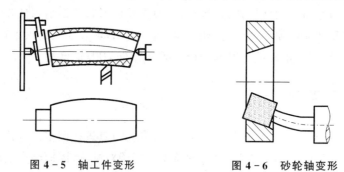

图 4-5 轴工件变形　　　　图 4-6 砂轮轴变形

由此可见,工艺系统的受力变形是加工中一项很重要的原始误差,它不仅严重影响加工精度,而且影响表面质量,也限制了切削用量和生产率的提高。因此,需采取措施提高工艺系统的刚度,以减小工艺系统受力变形对加工质量的影响。

1. 工艺系统的刚度对加工精度的影响

工艺系统的刚度对加工精度的影响可以归结为以下两方面。

(1) 引起工件形状误差

切削过程中,工艺系统的刚度会随切削力作用点位置的变化而变化,因此,使得工艺系统受力变形亦随之变化,从而引起工件形状误差。

在车床上以两顶尖为支承车光轴,当车刀做纵向进给时,切削力作用点不断移动,机床、工件在这些点的刚度各不相同,因此车出的工件在纵向断面内各径向尺寸不一而形成几何形状误差。下面分两种情况分析:

① 在车床顶尖间车削粗而短的光轴。此时,由于车刀和工件的刚度相对很大,故车刀和工件的变形可忽略不计。工艺系统的总变形完全取决于床头、尾座(包括顶尖)和刀架的变形。当切削力作用点的位置靠近工件的两端时,工艺系统刚度相对较小,变形较大,刀具相对工件产生的让刀量较大,切去的金属层厚度较小;当切削力作用点的位置处于工件的中间位置附近时,工艺系统刚度相对较大,变形较小,刀具相对工件产生的让刀量较小,切去的金属层厚度较大,因此,工件具有马鞍形圆柱度误差。

② 在车床顶尖间车削细长轴。由于工件细长、刚度小,在切削力作用下,其变形大大超过机床、夹具和刀具所产生的变形,因此机床、夹具和刀具的受力变形可略去不计,工艺系统的变形完全取决于工件的变形。如图4-7所示,加工中车刀处于图示位置时,工件的轴线产生弯曲变形。根据材料力学的计算公式,其切削点的变形量为

$$y_\omega = \frac{F_y}{3EI} \cdot \frac{(L-x)^2 x^2}{L}$$

工件的变形量 y_ω 的最大值与最小值之差,即为工件的圆柱度误差。该圆柱度误差表现为腰鼓形。

(2) 引起工件加工误差

当毛坯形状误差较大或材料硬度很不均匀时,工件加工时的切削力大小就会有较大变化,工艺系统的变形也就会随切削力大小的变化而变化,因而引起工件加工误差。

以车削为例,如图4-8所示。工件由于毛坯的圆度误差(例如椭圆),车削时使切削深度在 a_{p1} 与 a_{p2} 之间变化,因此,切削分力 F_y 也随切削深度 a_p 的变化由最大 $F_{y\max}$ 变到最小 $F_{y\min}$,工艺系统将产生相应的变形,即由 y_1 变到 y_2,工件形成圆度误差。这种在工件上造成的加工误差的类型完全同于毛坯原有的形状位置误差类型的现象,称为误差复映。

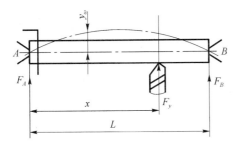

图4-7 车削细长轴

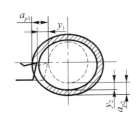

图4-8 零件形状误差的复映

2. 减小工艺系统的受力变形

减小工艺系统的受力变形是加工中保证产品质量和提高生产率的主要途径之一。根据生产实际情况,可采取以下几方面的措施。

(1) 提高接触刚度

一般部件的刚度都是接触刚度低于实际零件的刚度,所以提高接触刚度是提高工艺系统刚度的关键。常用的方法是改善工艺系统主要零件接触面的配合质量,如机床导轨副、锥体与锥孔、顶尖与顶尖孔等配合面采用刮研与研磨,以提高配合表面的形状精度,减小表面粗糙度,使实际接触面增大,从而有效提高接触刚度。

各类轴承调整时的预紧,使接触面间预加载荷,可消除配合面间的间隙,增大接触面积,减小受力后的变形量,也是提高接触刚度的措施。

(2) 提高工件刚度,减小受力变形

在加工中,由于工件本身的刚度较低,特别是叉架类、细长轴等结构零件,容易变形。在这种情况下,提高工件的刚度是提高结构精度的关键。其主要措施是缩小切削力的作用点到支承点之间的距离,以提高工件在切削时的刚度。如车削细长轴时,采用中心架或跟刀架增加支承的方法。

(3) 提高机床部件刚度,减小受力变形

在切削加工中,有时由于部件刚度低而产生变形和振动,影响加工精度和生产率的提高。图 4-9 所示为在转塔车床上采用固定导向支承套,图 4-10 所示为采用转动导向支承套,用加强杆和导向支承套提高部件的刚度。

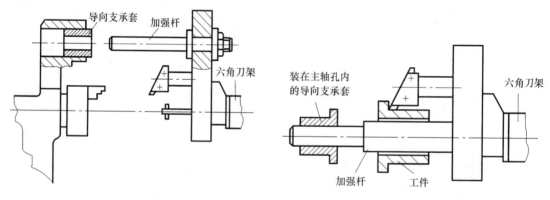

图 4-9 采用固定导向支承套　　图 4-10 采用转动导向支承套

(4) 合理装夹工件,减小夹紧变形

加工薄壁件时,由于工件刚度低,故解决夹紧变形的影响是关键问题之一。在夹紧前,薄壁套的内外圆都是正圆形,在用三爪卡盘夹紧后,套筒呈三棱形,如图 4-11(a)所示;镗孔后,内孔呈正圆形,如图4-11(b)所示;松开卡爪后,工件由于弹性恢复,使已镗圆的孔变形成三棱形,如图4-11(c)所示;为了减小加工误差,应使夹紧力均匀分布,可采用夹紧套,如图4-11(d)所示,或采用专用卡爪,如图4-11(e)所示。

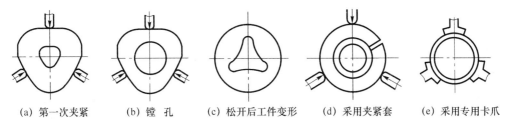

(a) 第一次夹紧　　(b) 镗孔　　(c) 松开后工件变形　　(d) 采用夹紧套　　(e) 采用专用卡爪

图 4-11　零件夹紧变形引起的误差

再如磨削薄板工件,如图4-12(a)所示。当磁力将工件吸向磁盘表面时,工件将产生弹性变形,如图4-12(b)所示。磨完后,由于弹性恢复,已磨完的表面又产生翘曲,如图4-12(c)所示。改进的办法是在工件和磁盘之间垫橡皮垫(厚度为0.5 mm),如图4-12(d)、(e)所示。工件夹紧时,橡皮垫被压缩,减小工件的变形,再以磨好的表面为定位基准,磨另一面。这样经过多次正反面交替磨削,即可获得平面度较高的平面,如图4-12(f)所示。

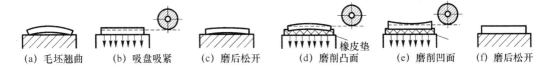

(a) 毛坯翘曲　　(b) 吸盘吸紧　　(c) 磨后松开　　(d) 磨削凸面　　(e) 磨削凹面　　(f) 磨后松开

图 4-12　薄板工件的磨削

4.2.5　工艺系统的受热变形

在机械加工过程中,工艺系统在各种热源的影响下常产生复杂的变形,使工件与刀具间的正确位置遭到破坏,造成加工误差。热变形对加工精度的影响很大,特别是在精密加工、大型零件加工和自动化加工中,热变形引起的加工误差一般占工件加工总误差的40%~70%。

引起热变形的根源是工艺系统在加工过程中出现的各种"热源"。这些热源大体上可以分为以下四类:

① 切削和磨削加工时产生的切削热;

② 动力源(如电动机)、液压系统、冷却系统工作时所发出的热和机床运动副(轴与轴承、齿轮副、摩擦离合器、工作台与导轨及丝杠与螺母等)所产生的摩擦热;

③ 周围环境通过空气对流传来的热;

④ 日光、灯光、加热设备等产生的辐射热。

上述所发生的热量将分配给工件、刀具、切屑和周围介质,其分配的比例随切削速度和加工方法的变化而改变。

工艺系统受热源影响,温度逐渐升高,与此同时,其热量通过各种传导方式向周围散发。当单位时间内的热量传出与传入相等时,温度不再升高,即达到热平衡状态,温度场处于稳定状态,受热变形也相对趋于稳定。一般情况下,机床温度变化缓慢,机床开动一段时间(2~6 h),温度才逐渐趋于稳定而达到平衡状态,其热变形相对趋于稳定,此时的加工误差是有规律的。在机床达到热平衡的预热期,温度随时间而升高,其热变形将随温度的升高而变化,故对加工精度的影响也比较大。因此,精密加工应在热平衡后进行。

1. 机床热变形对加工精度的影响

机床受热源影响,各部分温升将发生变化。由于热源分布得不均匀和机床结构的复杂性,机床各部件将发生不同程度的热变形,破坏了机床原有的几何精度,从而降低了机床的加工精度。

车床类机床的主要热源是主轴箱中轴承的摩擦热和油池的发热,使主轴箱和床身的温度上升,从而造成机床主轴抬高和倾斜。主轴在水平方向的位移较小,对刀具水平安装的普通车床影响较小;主轴在垂直方向的位移较大,对于刀具垂直安装的自动车床和转塔车床将产生较大影响。

对大型机床如导轨磨床、外圆磨床、龙门铣床等长床身的部件,其温差的影响也是很显著的。一般由于床身上表面温度比床身底面温度高,形成温差,因此,床身将产生弯曲变形,表面呈中凸状,如图 4-13 所示。这样,导轨的直线性也受到影响。另外,立柱和拖板也因床身热变形而产生相应的位置变化。

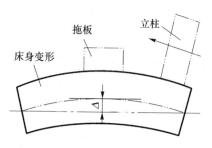

图 4-13 床身纵向温差热效应的影响

2. 工件热变形对加工精度的影响

在加工过程中,工件受切削热的影响而产生热变形,有些大型精密工件受环境温度的影响也产生相应热变形。工件在热膨胀下达到的加工尺寸,冷却收缩后会发生变化,甚至会超差。工件受切削热影响,各部分温度不同,且随时间变化,切削区附近温度最高。开始切削时,工件温度低,变形小,随着切削加工的进行,工件的温度逐渐升高,变形也逐渐加大。

在轴类加工中,对直径尺寸有着较为严格的要求。在开始切削时,工件温升为零。随着切削的进行,工件温度逐渐提高,直径逐渐增大,加工终了时直径的增大量为最大。但这些逐渐增加的增大量均被切削去除,因此工件冷却后将出现锥度(尾座处直径最大,头架处直径最小)。若要求工件外径达到较高的精度,则粗加工后应再进行精加工。精加工(精车或磨)必须在工件冷却后进行,并需要在加工时采用高速精车或用大量冷却液充分冷却进行磨削等方法,以减小工件的发热和变形程度。即使如此,工件仍会有少量的温升和变形。为此,应对工件进行热变形计算,以便判断其精度能否符合加工要求。

在顶尖间加工轴类工件,工件的热伸长导致两顶尖间产生轴向力,导致工件内部产生压应力并使工件发生弯曲变形。有经验的车工在切削期间总是会根据实际情况,不时放松尾顶针螺旋副,以重新调整顶尖与工件间的压力。

在精密丝杠加工中,工件的伸长将会引起加工螺距的累积误差。

床身导轨面的磨削,由于是单面受热,与底面产生温差,引起热变形,从而影响导轨的直线度。

加工铜、铝等线膨胀系数大的有色金属工件时,其热变形尤为显著,必须予以重视。

3. 刀具热变形对加工精度的影响

刀具的热变形主要是由传给刀具的切削热引起的。普通车削时传到刀具上的热量占全部切削热量的 10%～20%;当高速切削时占全部热量的 1%～2%,受热后的刀具工作表面温度可达 700～800 ℃。刀具受热伸长,将直接影响被加工零件的精度。

例如,在数控车床上车削一根 $\phi 90$、长 400 mm 的圆轴。切削速度 $v=120$ m/min,走刀量 $s=0.4$ mm/r,切削深度 $t=5$ mm,当不用冷却液时,刀具受热的伸长量为 0.125 mm,从而使工件直径减小了 0.25 mm。

车刀的热变形,一般会影响尺寸精度。但在加工大型零件(如长轴的外圆)时,还会影响零件的几何形状精度。在一般情况下,刀具的切削工作是间断的,即在装卸工件等非切削的时间内,刀具有一段冷却时间。在切削时,刀具一般能较快地达到热平衡,而且刀具受热伸长又能与刀具的磨损相互补偿,故通常对加工精度的影响不显著。为了减小刀具的热变形,应合理地选择切削用量和刀具切削的几何参数,更重要的措施是使用冷却液。

4. 减小工艺系统热变形的工艺措施

① 在加工比较精密的工件时,为减小机床热变形的影响,常在加工前使机床空转一段时间,待基本达到热平衡后再进行加工。

② 当顺次加工一批零件时,间断时间内不要停车或尽量减少停车时间,以免破坏机床的热平衡,使调整好的位置尽量保持不变。

③ 严格控制切削用量以减少工件的发热。

④ 切削时提高切削速度,使传入工件的热量减少;及时刃磨刀具,以减少切削热;对切削区进行充分冷却。

⑤ 当室温变化对加工精度有较大影响时,可采取恒温加工与测量,以减小温差与线膨胀系数不同而产生的误差,这对精密零件的加工是必要的。

4.2.6 工件内应力引起的变形

内应力是工件在去除载荷或外部因素的作用后，在零件内部留下的应力，也称残余应力。内应力对加工精度和表面质量都有很大的影响，当工件表面的内应力超过材料的强度极限时，就会产生裂纹。

工件经过冷热加工后，一般都要产生内应力。如毛坯的锻、铸、淬火热处理、冷校正和切削加工等，都会在不同程度上使工件产生内应力。在通常情况下，内应力处于平衡状态。当对具有内应力的工件进行切削加工时，工件内应力原有的平衡状态被破坏，重新平衡时，将使工件产生变形，以求达到再平衡。

铸件在昼夜或季节温度变化的影响下，其内应力将重新分布，并引起毛坯的残留变形。开始时，铸件内应力的重新分布和变形较强烈，其后逐渐减慢。经验证明，零件在机器的工作过程中，由于内应力继续重新分布，仍将继续变形。如某企业在调查机床床身几何精度稳定性时发现，大部分抽查产品在经过一个季度的存放之后，床身导轨几何偏差都超出了许可范围。因此，为了减小铸件的内应力，必须正确设计零件的结构形状，使其各部分冷却速度均匀，正确地安排铸造工艺过程，特别是铸件的冷却，并将铸件进行自然时效或人工时效。

实践证明，工件在切削加工过程中切去工件表面的一层金属材料后，所引起的内应力重新分布和变形非常严重。因此，当粗、精加工在一个工序完成时，在粗加工后（特别是对于薄壁的零件或大型零件）必须将夹紧装置松开，以便于内应力重新分布，让工件自由地变形，然后以较小的力夹紧工件，再进行精加工。

4.3 加工误差的分析

引起加工误差的因素很多且很复杂。要分析一批工件的加工是否正常、稳定，不能以某一个工件的检验结果来判断，而需要对一批工件的误差进行统计分析，才能得出正确的结论。

根据连续加工一批工件的误差出现是否有规律性，可将误差分为系统误差和随机误差两类。

1. 系统误差

顺次加工一批工件时，误差的大小和方向始终保持不变，或按照一定的规律逐渐变化，这种类型的误差称为系统误差。系统误差又分为常值系统误差和变值系统误差。常值系统误差是误差的大小和方向始终保持不变的误差；变值系统误差是误差的大小和方向按照一定的规律变化的误差。如铰孔时，铰刀直径不正确所引起的工件尺寸误差就是常值系统误差；又如在车削加工时,由于刀具的磨损所引起的工件尺寸误差则是变值系统误差。工艺系统中某些环节的温度变化,也会引起变值系统误差。

在大多数情况下,系统误差的影响是可以估计或计算出来的,从而可以设法消除或减小。例如,磨钝的刀具可以及时刃磨或换上新刀;磨损的定位元件或钻套可进行修复或更换;因床身导轨的磨损而引起的系统误差,可以及时地刮研其导向部分来消除等。

2. 随机误差

顺次加工一批工件时,出现在各个零件上的误差各不相同,而且误差之间也没有明显的规律,这种类型的误差称为随机误差(或偶然性误差)。

定位误差(定位基准不统一及间隙影响等)、夹紧误差(夹紧力大小不一)、毛坯误差(毛坯余量大小不一及材料硬度不均匀等)的复映、多次调整误差以及内应力引起的变形误差等都是随机误差,这种类型的误差大小和方向的变化没有一定的规律可循。

比如当用同一把铰刀铰孔时,在相同的加工条件下,孔径的尺寸却不同。这可能是由加工余量有差异、材料的硬度不均匀等因素引起的。这些因素是变化的,作用的情况又很复杂,所以一般常采用数理统计的方法来分析随机误差的影响,从而采取必要的工艺措施来加以控制。

在机械加工中,工件上某一尺寸的总误差,是由多项系统误差和多项随机误差共同作用的结果。由于在加工每一工件时,作用在其上的偶然因素的组合都会不一样,因此,即使是同一台设备、同一个操作工人加工出的同一批工件,其实际尺寸也是变动的,这就是尺寸分散现象。一批工件的尺寸分散范围若在公差范围之内,则合格;反之,若尺寸分散范围超出公差范围,则超出的部分工件为不合格品。

4.3.1 研究加工误差的方法

研究加工误差的方法有统计法和分析计算法。

1. 统计法

统计法是以现场大量的观察和实际测量所得的数据资料为根据,应用概率论和数理统计原理,确定在一定加工条件下,加工误差的大小(即一批零件的尺寸分布范围)和分布情况的方法。统计法又分为分布曲线法和点图法。

(1) 分布曲线法

分布曲线法是以加工一批工件后测得的实际尺寸作出分布曲线,然后按此曲线来判断这种加工方法所产生的尺寸误差的大小和分布情况。

某一工序中加工出来的一批工件,由于存在各种误差,会引起加工尺寸的变化即尺寸分散。按一定加工精度确定的尺寸范围对测量尺寸进行分组,同一组内的工件数目称为频数。频数与这批工件总数之比称为频率。如果以工件的尺寸为横坐标,以频数或频率为纵坐标,就可以作出该工序工件加工尺寸的实际分布图——直方图。

大量的试验、统计和理论分析表明:当一批工件总数极多时,加工中的误差是由许多相互独立的随机因素引起的,而且这些误差中又都没有任何优势的倾向,其分布是服从正态分布的。这时的曲线称为正态分布曲线。例如,在机床一次调整后连续车削一批零件(加工尺寸为 $\phi 9^{+0.115}_{+0.100}$)时所得到的实际尺寸如表 4-1 所列。根据表中的数据,以工件的尺寸为横坐标,相应的频率为纵坐标,便可绘出如图 4-14 所示的频率直方图。连接每个小长方格上部的中点得到一条折线,称为实际分布曲线,如果测量实际尺寸的数据足够多且分组足够细,则会得到一条光滑曲线,即正态分布曲线,如图 4-15 所示。

表 4-1 车削一批零件的实际尺寸

组别	组界/mm	组中值 x_i/mm	频数 n_i	频率 $\frac{n_i}{N}$/%
1	9.102~9.103	9.1025	1	0.7
2	9.103~9.104	9.1035	3	2
3	9.104~9.105	9.1045	8	5.4
4	9.105~9.106	9.1055	18	12
5	9.106~9.107	9.1065	28	18.7
6	9.107~9.108	9.1075	34	22.7
7	9.108~9.109	9.1085	29	19.3
8	9.109~9.100	9.1095	17	11.3
9	9.110~9.111	9.1105	9	6
10	9.111~9.112	9.1115	2	1.3
11	9.112~9.113	9.1125	1	0.7
共计			150	

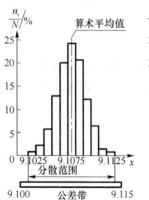
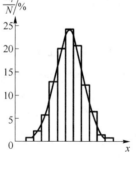
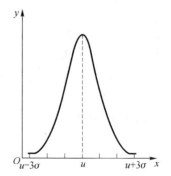

图 4-14　频率直方图　　　　　　图 4-15　正态分布曲线

服从正态分布规律的随机误差,具有以下 4 个基本特性:
① 单峰性　绝对值小的误差比绝对值大的误差出现的次数多。
② 对称性　绝对值相等、符号相反的误差出现的次数大致相等。
③ 有界性　在一定测量条件下,随机误差绝对值不会超过一定的界限。
④ 抵偿性　对同一量在同一条件下进行重复测量,其随机误差的算术平均值随测量次数的增加而趋于零。

由概率论可知,正态分布曲线可用其分布密度进行描述,即

$$y = \frac{1}{\sigma\sqrt{2\pi}} e^{-\frac{1}{2}\left(\frac{x-u}{\sigma}\right)^2} = \frac{1}{\sigma\sqrt{2\pi}} e^{-\frac{\delta^2}{2\sigma^2}} \quad (4-3)$$

式中:y——分布的概率密度;
　　　x——工件尺寸;
　　　u——总体的平均值(分散中心);
　　　δ——随机误差;
　　　σ——标准偏差;
　　　e——自然对数的底数。

总体平均值 u 为

$$u = \frac{x_1 + x_2 + \cdots + x_n}{n} = \frac{\sum_{i=1}^{n} x_i}{n} \quad (4-4)$$

如果在消除了系统误差的前提下,对某一量进行无数次等精度测量,则所测得值的算术平均值就等于真值。

标准偏差 σ 为

$$\sigma = \sqrt{\frac{\delta_1^2 + \delta_2^2 + \cdots + \delta_n^2}{n}} \sqrt{\frac{\sum_{i=1}^{n} \delta_i^2}{n}} \quad (4-5)$$

u 是表征曲线位置的,如果改变 u 值,σ 为常数,则分布曲线将沿横坐标移动而不改变曲线形状,如图 4-16 所示。

σ 是表征曲线形状的(由式(4-3)可知,σ 与 y 成反比),σ 越小,则 y 值越大,曲线形状越陡;σ 越大,y 值越小,曲线形状越平坦,如图 4-17 所示。

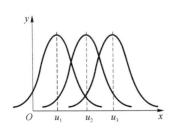

图 4-16　u 对分布曲线的影响($\sigma=$常数)

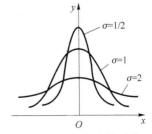

图 4-17　σ 对分布曲线的影响($u=0$)

总体平均值 $u=0$,总体标准偏差 $\sigma=1$ 的正态分布称为标准正态分布。在制造过程中,由于机床、夹具和刀具均要调整,结果实际分布曲线中心会或左或右地偏移,不同 u 和 σ 的正态分布曲线,都可以通过令 $Z=\dfrac{x-u}{\sigma}$ 进行变换而成为标准正态分布曲线。

分布曲线与横坐标所围成的面积包括了全部零件数(即 100%),故其面积等于 1;其中 $x-u=\pm3\sigma$(即在 $u\pm3\sigma$)范围内的面积占 99.73%,即 99.73% 的工件尺寸落在 $\pm3\sigma$ 范围内,仅有 0.27% 的工件在范围之外(可忽略不计)。因此,取正态分布曲线的分布范围为 $\pm3\sigma$,如图 4-15 中的横坐标曲线界限所示。

根据表 4-1 所列的工件尺寸数据,算出 $u=9.1075$ mm,$\sigma=0.001789$ mm。该例中,$u\pm3\sigma=(9.1075\pm0.005377)$ mm$=9.10213\sim9.11287$ mm,在该工件的尺寸公差 $\phi9^{+0.115}_{+0.100}$ 允许范围内。

$\pm3\sigma$(或 6σ)的概念,在研究加工误差时应用广泛,是一个很重要的概念。6σ 的大小代表某加工方法在一定条件下(如毛坯余量、切削用量,以及正常的机床、夹具、刀具等)所能达到的加工精度,所以在一般情况下,应该使所选择的加工方法的标准偏差 σ 与公差带宽度 T 之间具有以下关系:$6\sigma\leqslant T$。但考虑到系统误差及其他因素的影响,应当使 6σ 小于公差带宽度 T,方可保证加工精度。

分布曲线法的应用如下:

① 判别加工误差的性质 假如加工过程中没有变值系统误差,那么其尺寸分布应服从正态分布,这是判别加工误差性质的基本方法。还可进一步根据样本算术平均值 u 是否与公差带中心重合来判断是否存在常值系统误差,如不重合则存在常值系统误差;如分布曲线形状与正态分布曲线有较大出入,则可根据分布图曲线形状判断变值系统误差的性质。

② 确定工序能力 即工序处于稳定状态时,加工误差正常波动的幅度,用工序能力系数 C_P 来分等级。

工序能力系数 C_P 的表达式为

$$C_P=\frac{T}{6\sigma} \tag{4-6}$$

若 $C_P>1$,则说明该工序的工序能力足够,但加工中是否会出现废品,还要看工艺系统调整是否正确;若 $C_P<1$,则说明该工序的工序能力较低,不论怎么调整,不合格品总是不可避免的,此时应采取精化机床,提高毛坯制造精度或改用更精密的加工方法等措施来减小随机误差。

采用分布曲线法分析加工误差存在以下缺点:

① 没有考虑工件加工先后顺序,因此不能把变值系统误差和随机误差区分开;

② 必须等一批工件加工完毕后方能绘制分布图,因此不能在加工过程中提供控制精度的资料。

(2)点图法

点图法是运用数理统计原理,从大批零件中抽取数个零件进行检查(即所谓"抽样"检查),

根据少数零件(样件)的检查结果来推测整批零件质量的情况。

在一批工件的加工过程中,如果将工件依次按每 m 个为一组进行分组,那么每一样组的平均值 $\bar{X}$ 和极差 R 分别为

$$\bar{X} = \frac{1}{m}\sum_{i=1}^{m} x_i \tag{4-7}$$

$$R = x_{\max} - x_{\min} \tag{4-8}$$

式中:$x_{\max}$——同一样组工件的最大尺寸;

$x_{\min}$——同一样组工件的最小尺寸。

以样组序号为横坐标,分别以平均值 $\bar{X}$ 和极差 R 为纵坐标,可作出平均值 $\bar{X}$ 点图和极差 R 点图。

例 轴环内孔的加工尺寸为 $\phi 28.5^{+0.070}_{0}$,样本容量 $m=5$,共有 20 个随机样本。这些样本的平均值 $\bar{X}$ 和极差 R 的数据,如表 4-2 所列。

表 4-2 轴环样本的平均值 $\bar{X}$ 和极差 R

mm

样本号	平均值 $\bar{X}$	极差 R	样本号	平均值 $\bar{X}$	极差 R
1	0.030	0.020	11	0.040	0.030
2	0.035	0.025	12	0.035	0.025
3	0.025	0.030	13	0.035	0.030
4	0.020	0.020	14	0.030	0.020
5	0.035	0.015	15	0.040	0.030
6	0.040	0.025	16	0.030	0.040
7	0.040	0.035	17	0.030	0.035
8	0.035	0.020	18	0.025	0.030
9	0.045	0.015	19	0.030	0.020
10	0.035	0.025	20	0.035	0.025

注:表内数据均为实测尺寸与基本尺寸之差。

为判断该工艺系统是否稳定,需在 $\bar{X}$-R 图上加上中心线和上、下控制线。控制线是用来判断该工序加工情况是否稳定的界限线。

根据概率论可得以下公式:

$\bar{X}$ 的中心线为

$$\bar{\bar{X}} = \frac{1}{k}\sum_{i=1}^{k} \bar{X}_i \tag{4-9}$$

$\bar{X}$ 的上控制线为

$$\overline{X}_s = \overline{X} + A\overline{R} \qquad (4-10)$$

$\overline{X}$ 的下控制线为

$$\overline{X}_x = \overline{X} - A\overline{R} \qquad (4-11)$$

R 的中心线为

$$\overline{R} = \frac{1}{k}\sum_{i=1}^{k} R_i \qquad (4-12)$$

R 的上控制线为

$$R_s = D_1 \overline{R} \qquad (4-13)$$

R 的下控制线为

$$R_x = D_2 \overline{R} \qquad (4-14)$$

式中:A、D_1、D_2 值在表 4-3 中选取。

根据以上公式,计算出该例中

$$\overline{X} = 0.0335$$

$$\overline{X}_s = \overline{X} + A\overline{R} = 0.0484$$

$$\overline{X}_x = \overline{X} - A\overline{R} = 0.0186$$

$$\overline{R} = 0.02575$$

$$R_s = D_1 \overline{R} = 0.0543$$

$$R_x = D_2 \overline{R} = 0$$

然后,画出 $\overline{X}$-R 图,如图 4-18 所示。

表 4-3 A、D_1、D_2 值

m/件	A	D_1	D_2
4	0.73	2.28	0
5	0.58	2.11	0
6	0.48	2.00	0

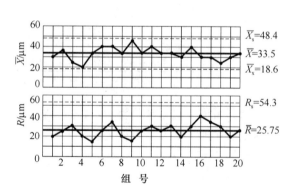

图 4-18 $\overline{X}$-R 图

在 $\overline{X}$-R 图上,平均值 $\overline{X}$ 在一定程度上代表了瞬时的分散中心,所以 $\overline{X}$ 点图主要反映了系

统误差及其变化趋势;极差 R 在一定程度上代表了瞬时的尺寸分散范围,所以极差 R 点图反映了随机误差及其变化趋势。

点图法主要用于判断工艺过程是否稳定。任何一批工件的加工尺寸都具有波动性,因此各样组的平均值 $\bar{X}$ 和极差 R 也具有波动性。如果加工误差主要是随机误差,且系统误差的影响小到可忽略时,那么这种波动属于正常波动,加工工艺过程是稳定的。从点图分析来看,正常波动的情况有:没有点超过控制线,大部分点在中线上下波动,点的分布没有明显的规律性。从图 4-18 的分析可知,该工序的工艺过程基本稳定。

2. 分析计算法

统计法有严重的局限性。它不能直接查明各种因素对加工精度的影响,尤其不能解释这些影响,也不能指出提高加工精度的途径。例如,用顶尖车削轴时,由于工件本身及车头和尾架的弹性变形,会将工件加工成非圆柱形,此时,如果车头和尾架刚性很好,而轴刚性薄弱,则车出的轴呈腰鼓形;如果轴刚性很强,而车头和尾架的刚度比较低,则车出的轴呈鞍形。这是因为当车刀处于两端时,尾架和车头要承受全部切削力,而当车刀处于轴的中部时,尾架和车头仅各承受一半的切削力。如果用统计法来分析加工误差,则凭若干次观察要想将轴的误差与轴的尺寸及车头和尾架刚度的数值关系解释清楚是很困难的。

分析计算法可以打破统计法的局限性。

先查明有哪些因素引起加工误差,并分别求出这些误差(原始误差),然后按照一定的原则将它们综合起来,从而求得总误差,进一步估计所能达到的精度。这就是研究加工误差的分析计算法的基本原理。

当然,分析计算法并不排斥统计法的应用,因为统计法不仅是研究真正偶然误差的唯一方法,而且便于在生产条件下采用;另外,统计法还可以用来复验分析计算法的结果,以利于纠正分析计算法的错误。

研究加工误差的分析计算法,需求出总误差。在构成加工误差总误差的各项原始误差中,有的属于系统性的,也有的属于偶然性的。

求各个原始误差时,有关系统误差的计算是以实验及理论研究为基础;有关偶然误差的求得,则是以在车间或实验室中进行的统计观察所作的归纳为基础。

使用分析计算法来计算具体加工条件下的总误差时,不但可以判断起作用的全部因素对加工精度的综合影响,而且可以判别每个因素对加工精度的影响,从而设法减少或去除影响较大的因素,以提高加工精度。例如,在计算过程中如发现工件因刚度不足而产生较大的弯曲时,则可设法减小径向切削分力 P_y,或增设跟刀架以减小工件的弯曲度。因此,用这种方法来研究加工精度问题是比较直观和具体的。

若能分别求得各原始误差,则总误差的综合一般按下列原则进行:

① 对属于系统误差的原始误差,用代数法相加,即

$$\sum \delta_{系统} = \delta_1 + \delta_2 + \cdots + \delta_m$$

② 对属于偶然误差的原始误差,若分布曲线符合正态分布曲线,则用平方和的平方根,即

$$\sum \delta_{偶然} = \sqrt{\delta_1^2 + \delta_2^2 + \cdots + \delta_j^2}$$

③ 将 $\sum \delta_{系统}$ 与 $\sum \delta_{偶然}$ 按算术法相加,求得总误差,即

$$\delta_总 = \sum \delta_{系统} + \sum \delta_{偶然}$$

虽然分析计算法有很多优点,但是目前尚无详尽的计算和实验数据能够准确求出各个原始误差的值,而且计算也很费事。因此,当前的运用尚局限在个别问题的研究上。例如,用来判断主要工艺因素(如刚度、定位精度等)对工艺过程的影响,或者用以查明发生经常性废品的原因等。

4.3.2 加工误差的综合分析与判断

机械加工中的精度问题,是一个综合性的问题。解决精度问题的关键,在于能否在具体条件下判断出影响加工精度的主要误差因素。因此,在解决加工精度问题时,首先必须对具体情况进行深入调查,然后运用所学知识进行理论分析,配合必要的现场测试,以便摸清误差产生的规律,找出误差产生的原因,并采取相应的解决措施。

分析解决加工误差问题,大体上可以分为四个阶段:调查、分析、测试和验证。

1. 调查阶段

调查误差产生的经过,摸清误差产生的规律。例如,召开各种调查会,通过让有关人员集中在一起讨论,分析误差究竟是一贯存在的,还是新近出现的?工艺条件是否发生变化(如机床是否重新调整?夹具工艺位置是否有所移动?刀具是否更换?工件材料、毛坯质量有无变化?等等)?以便寻找线索。此外,还必须到现场仔细观察机床、夹具及加工情况,尽可能多地测量一批工件,摸清工件的误差情况,包括其尺寸、形状或位置误差的性质、大小和特点,为分析研究提供原始素材。

2. 分析阶段

根据调查结果进行初步分析。首先将测量的数据进行整理,分析误差的性质,查找出在具体条件下可能产生这类误差的因素,以及每种因素所产生的误差的特征及大小,它们与调查情况是否相符,等等。还可以根据调查和分析结果整理成因果分析图,如图 4-19 所示。然后确定几个可能性较大的因素,拟定判断实际影响程度的测试方法和步骤。如果该工序有过去积

累的统计资料,则通过对比更有利于发现问题。

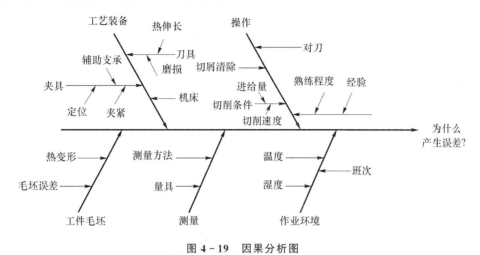

图 4-19 因果分析图

3. 测试阶段

各种现场测试方法是解决实际问题的基本方法。

(1) 静测定

一般先争取通过测定机床和工艺装备静止时的情况来判断误差产生的原因。因为静测定不需要具备很多条件,比较容易做到。静测定的项目很多,例如检查机床或夹具的几何精度,是否会产生工件加工误差;检查工艺系统的静刚度,找出其薄弱环节,估计变形情况是否满足加工条件等。

(2) 在加工过程中测定

在加工过程中测定,通常可以提供很多静测定所不能提供的线索。例如,如果怀疑工件在加工过程中有夹紧变形,可在加工后在机床上对工件进行就地测量,然后将工件取下,再测量一次,观察是否有差别。在加工时测量工件温度,从而估计工件受热膨胀的影响,或在加工完毕后立即测量工件尺寸,等冷却后再测量一次,看看热膨胀的影响。如果想了解机床各部分的热变形情况,可在机床开动时,用传感器或千分表测量机床各部分的位移。

(3) 加工试验

加工试验即利用加工现场,进行有目的的加工试验,以判断各种因素对加工误差的影响程度。例如,在磨削外圆时,如果不能判定圆度误差是由中心孔不圆所造成的还是由其他工艺系统变形方面因素造成的,则可增加无进给磨削次数进行试验,如果属于工艺系统变形方面因素造成的,则经过多次无进给磨削后,误差必然减小,直至消失。又如,镗孔时如果不能判定圆度误差是否是由余量不均匀所产生的,则可找几个余量分布情况不同的毛坯,观察加工后的工件是否复映了毛坯误差。再如,磨削外圆时,如果不能断定其径向跳动是否是由单爪拨盘所引起的,则可将拨爪和工件的相互位置改变一下,即转过一个角度,观察加工的工件,其最大跳动量的位置是否也随之改变。最后,还可以改变某些工艺参数后,再加工一批工件,观察系统误差和随机误差有什么变化。

4. 验证阶段

在基本上确定了误差产生的原因后,还必须采取相应的措施。只有在采取措施使误差减小或消除后,才能肯定判断是正确的。

以上所述是寻找误差产生的原因的大致步骤,实际应用时并非是一成不变的,要根据实际情况灵活应用,而且往往还会有一定的反复。这就要求深入生产实际来解决实际加工中的加工精度问题。

习题与思考题

4-1 零件的质量与哪些因素有关?

4-2 试举例说明加工精度、加工误差、公差的概念以及它们的区别。

4-3 什么是加工原理误差?由于采用近似的加工方法都将产生加工原理误差,因而都不是完善的加工方法,这种说法对吗?

4-4 主轴运动误差取决于什么?对加工精度有何影响?

4-5 机床导轨误差怎样影响加工精度?

4-6 磨外圆时,工件安装在死顶尖上有什么好处?实际使用时要注意哪些问题?

4-7 何谓机床传动链误差?在什么场合要考虑机床传动链误差对加工精度的影响?

4-8 刀具的制造和磨损误差会怎样影响工件的加工精度?

4-9 试举例说明工艺系统中的受力变形对工件加工精度的影响。

4-10 何谓调整误差?在单件小批生产和大批大量生产中各会产生哪些调整误差?它们对工件加工精度有何影响?

4-11 车削细长轴时,工人经常在车削一刀后,将后顶尖松开一下再车削下一刀,为什么?

4-12 试分析车削前工人经常在刀架上安装镗刀修正三爪的工作面或花盘的端面有何道理?

4-13 在卧式镗床上加工箱体孔,若只考虑镗杆刚度的影响,试分析图4-20中四种镗孔方式加工后孔的几何形状:(a)工作台送进;(b)镗杆送进,没有后支承;(c)镗杆送进,有后支承;(d)在镗模上加工。

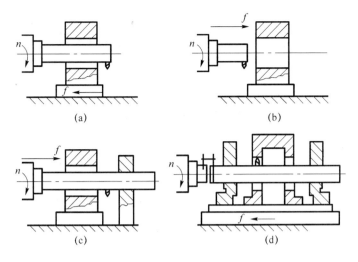

图 4-20 题 4-13 图

4-14 分析磨削外圆时,如图 4-21 所示,若磨床前后顶尖不等高,那么工件将产生何种形状误差?

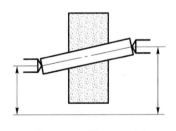

图 4-21 题 4-14 图

4-15 在车床上加工一批光轴的外圆,加工后经测量发现工件有如图 4-22 所示的下列几何误差,试分析这些误差产生的原因。

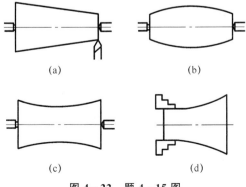

图 4-22 题 4-15 图

第5章 机械加工表面质量

5.1 概 述

1. 表面质量的概念

零件的加工质量,不仅指加工精度,而且包含着加工表面的质量。机械加工表面质量是指零件经机械加工后表面层的状态。由于科学技术的发展,要求零件能在高速、高温及大负载的困难条件下工作,零件的表面质量对其使用性能,如耐磨性、抗腐蚀能力、疲劳强度等有很大的影响,因而对机械的精度、寿命等也起着重要的作用。

零件表面质量的主要内容如下:

(1) 表面的几何形状特征

① 表面粗糙度,即表面微观的几何形状误差,波距小于 1 mm;

② 表面波度,介于宏观几何形状误差和微观几何形状误差(即粗糙度)之间的几何误差,波距在 1~10 mm 范围内。

(2) 表面层的物理、机械性能的变化

① 表面层因塑性变形而引起的冷作硬化;

② 表面层因切削热而引起的金相组织的变化;

③ 表面层内由于切削而产生的残余内应力。

2. 表面质量的评定

在设计机械零件规定其表面质量等级时,一方面应考虑其使用要求,另一方面还应考虑工艺方法的可能性和经济性。

表面质量应从几何形状和物理机械性能两方面进行评定。

(1) 表面微观几何形状

1) 表面粗糙度

表面粗糙度通常是指由机械加工中切削刀具的运动轨迹所引起的加工表面的微观几何形状误差。用 Ra(微观不平度的轮廓算术平均偏差)、Rz(微观不平度十点高度)或 Ry(轮廓最大高度)来确定表面粗糙度的数值,其值可查国家标准 GB 1031—1995《表面粗糙度 参数及其数值》。

2) 表面波度

机械加工的表面波度主要是由切削过程中工艺系统的低频振动引起的,是介于宏观几何形状误差与微观几何形状误差(即表面粗糙度)之间的周期性几何形状误差。表面波度尚无国家标准。

(2) 表面层的物理、机械性能

1) 表面层的冷作硬化

工件在加工过程中,表面层金属产生较强烈的塑性变形,使得表面层的强度、硬度都明显提高的现象称为表面层冷作硬化。通常用冷硬层深度 h 及硬化程度 N 来评定:

$$N = \frac{H - H_0}{H_0} \times 100\%$$

式中: H——加工后表面层的显微硬度;

H_0——原材料的显微硬度。

2) 表面层的金相组织变化

加工过程中,若切削热过大,会使得工件表面层温度升高;当温升超过相变临界点时,就会产生组织变化。例如,磨削时的高温会使工件产生磨削烧伤,从而大大降低工件表面层的物理、机械性能。评定办法是采用金相组织的显微观测。

3) 表面层的残余应力

在切削过程中,由于塑性变形和相变,在表面层及其与基体材料的交界处产生内应力,称为表面层的残余应力。若表面层的残余应力超过材料的强度极限,则会产生表面裂纹,直接影响工件质量。目前,对残余应力只能判定其性质(拉或压应力),其数值大小尚无法评定。

5.2 表面质量对零件使用性能的影响

1. 对零件配合可靠性的影响

对于互相配合的零件,无论是间隙配合、过渡配合还是过盈配合,如果表面加工比较粗糙,则 Ra 的数值必然会很大,从而影响到实际配合的性质。

对于间隙配合,会因表面微观不平的波峰尖顶在工作过程中迅速磨损而使其间隙加大,从而影响配合精度,改变了应有的配合性质,并很快降低使用质量。

对于过盈配合,表面粗糙度 Ra 的值过大,表面微观不平的波峰尖顶在装配时被挤平,使有效过盈减小,影响连接强度。由于表面不平,实际过盈量并不等于轴和孔的直径之差。

对于过渡配合,表面粗糙会使配合变松。

2. 对零件表面耐磨性的影响

机械零件的使用寿命,常常是由耐磨性决定的。随着零件的磨损,机器的精度及性能将逐步下降。机械零件严重磨损后,将降低机器的工作效率和可靠性,使机器提早报废。因此,提高零件的表面质量,使其具有较高的耐磨性,有着十分重要的意义。

机械加工的零件表面,必然有一定大小的粗糙度。当两个零件的表面相互接触时,理论接触情况(如图5-1(a)所示)是不存在的,实际最初接触只是一些在凸峰顶部(如图5-1(b)所示),实际接触面积只占理论接触面积的一小部分。例如:车削、铣削及铰孔后的实际接触面积只占理论接触面积的15%～20%,精磨后为30%～50%,研磨后的表面才能达到90%～95%。由于接触面积小,单位面积上压力必然大。滑动时,粗糙度的凸峰部分相互锉削,产生摩擦阻力,造成了工件表面的磨损。在轻度和中等的磨损条件下,工作表面在初期(跑合)磨损阶段内,如图5-1(c)中 AB 段曲线所示,其粗糙度将降低65%～75%,以后接触面积增大,接触面上的单位压力降低,磨损速度由快减慢,进入稳定磨损阶段,如图5-1(c)中 BC 段曲线所示。C 点以后曲线陡急上升,直到摩擦表面开始破坏为止(产生部分焊接、咬住、熔化等现象)。

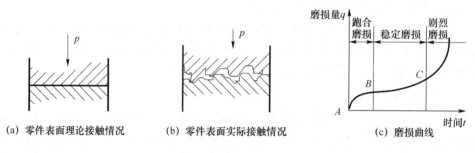

(a) 零件表面理论接触情况　　(b) 零件表面实际接触情况　　(c) 磨损曲线

图 5-1　零件表面接触情况及磨损过程图

通过两个零件表面相互接触的实验得知,表面的磨损过程一般分为三个阶段,即初期(跑合)磨损阶段、稳定磨损阶段和剧烈磨损阶段。在一定的摩擦条件下,表面粗糙度有一个合理的数值。粗糙度过高,则磨损会加剧。反之,如果表面粗糙度低于合理的数值,则由于润滑油被挤出,产生分子亲和力,结果磨损反而增加。

除表面粗糙度外,零件表面层的物理机械性能对耐磨性影响也很大。例如,由于冷作硬化和残余应力的作用,零件经淬硬或经冷挤压以后,在多数情况下,可以显著地降低零件的磨损。主要原因是表面挤压后,表面的凸峰被挤平,因而能降低磨损;冷挤压能促使氧扩散进入金属表层而形成较均匀的 FeO、Fe_2O_3、Fe_3O_4 等硬化物,这些很硬的氧化物存在会使磨损减小;表面因冷硬强化,表面层塑性降低,分子亲和力减弱,互相渗入的可能性减小,因此磨损减小。

3. 对零件表面耐蚀性的影响

表面质量对零件的耐蚀性能有很大的影响。表面粗糙度的 Ra 值愈小,耐蚀性就愈强。因为表面愈粗糙,大气中的气体、水汽及杂质等腐蚀性介质愈易在凹谷聚集,不易清除,产生电化学腐蚀,逐步在谷底形成裂纹,并逐渐扩展。

当两种不同金属材料的零件接触时,在水分存在的条件下,在表面粗糙度的顶峰间产生电化学作用,从而形成电化学腐蚀。

有残余应力和冷作硬化的零件表面,都会使零件的抗蚀性下降。如钛合金、高温合金在进行电化学加工时,容易产生晶界腐蚀的现象,所以在这些工序后应再进行其他的强化工序。

表面越粗糙,凹谷越深,谷底越尖,零件抗腐蚀能力越差。

4. 对零件疲劳强度的影响

机械零件由于金属疲劳而破坏的策源处常常在表面层(或硬化表面层下),因此工件的表面质量对疲劳强度有很大影响。

(1) 表面粗糙度的影响

在周期性的交变载荷下,零件表面的破坏大多因为应力集中产生了疲劳裂纹。应力集中主要发生在粗糙的凹底(加工痕迹的谷底),一般要比作用于表面层的平均应力大 50%～150%,给产生裂纹创造了条件。表面越粗糙,凹谷越深,则应力集中越严重,零件疲劳损坏的可能性越大,疲劳强度就越低。

例如,耐热钢 4Cr14Ni14W2Mo 的试件,其 Ra 值由 $0.2\,\mu m$ 减小到 $0.025\,\mu m$,疲劳强度提高了 25%。对于钢件,其强度愈高,表面粗糙度对零件疲劳强度的影响也愈大。

(2) 冷作硬化的影响

一般来说,表面层冷作硬化对在低温工作时的疲劳强度起提高作用,因为强化过的表面层会阻止已有的裂纹扩大和新裂纹的产生。同时,表面层硬化会减小外部缺陷、粗糙度和残余应力对疲劳强度的不利影响。如对零件进行喷丸处理、滚压加工和表面淬火及渗碳、渗氮等都能使零件表面产生硬化层,从而提高疲劳强度。

(3) 残余应力的影响

当零件表面层具有残余压缩应力时,将阻止裂纹的扩展,从而使零件的疲劳强度显著提高。表面层中有残余拉伸应力时,将使疲劳强度下降。例如,镀镍、镀镉以及镀铜等在表面层中产生拉伸残余应力,从而降低了零件的疲劳强度。

5.3 表面粗糙度及其影响因素

影响加工表面粗糙度的因素,主要有几何因素、物理因素和机械加工振动因素这三个方面。

1. 几何因素

影响表面粗糙度的几何因素是刀具相对工件做进给运动时,在工件表面上遗留下来的切削残留面积。由金属切削原理可知,已加工表面上的切削残留面积高度 H 与刀具的主偏角 ϕ、

副偏角 ϕ_1、刀尖圆弧半径 r 和走刀量 S 有关,如图 5-2 所示。

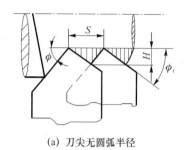
(a) 刀尖无圆弧半径

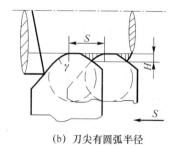
(b) 刀尖有圆弧半径

图 5-2 切削残留面积

切削残留面积高度 H 的计算公式如下:

刀尖无圆弧半径时:

$$H = \frac{S}{\cot\phi + \cot\phi_1}$$

刀尖有圆弧半径时:

$$H = \frac{S^2}{8r}$$

切削层残留面积愈大,粗糙度值就愈大。为减小残留面积,可通过改变进给量及切削刀具的有关结构参数来实现。由计算公式可知,减小 S、ϕ、ϕ_1 及增大 r 值,均可减小切削残留面积高度 H,从而降低工件表面粗糙度。

此外,提高刀具的刃磨质量,避免刃口的粗糙度在工件表面上的复映,也是减小残留高度的有效措施。

2. 物理因素

切削加工后表面粗糙度的实际轮廓,一般都与纯几何因素形成的理论轮廓有较大的差别。这是存在着与被加工材料和切削加工有关的物理作用因素的缘故。如图 5-3 所示,在切削过程中,刀具的刃口圆角 ρ,使切削厚度 a 内有一个厚 Δa 的薄金属层不能被切除,还要被刀具刃口熨压,在已加工表面形成鱼鳞片状的细微裂纹,称为鳞刺。这种现象尤其是在工件材料很软且塑性很好的时候最为明显。鳞刺的产生将大大降低已加工表面的光度,严重影响工件表面质量。消除和减少鳞刺的关键是要减小摩擦,通常采用较大的后角、提高刀具的表面质量及充分

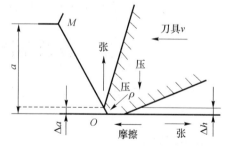

图 5-3 工件表面层的形成

冷却润滑等方式来解决。在较低的切削速度时，刀刃上还常常产生积屑瘤，使得工件加工表面光度显著下降。积屑瘤的产生不仅与切削速度有关，而且与加工材料、金相组织、冷却润滑和刀具状况等条件有关。

从物理因素来分析，要减小表面粗糙度 Ra 的数值，应减小加工过程中的塑性变形，并且要避免产生刀瘤和鳞刺。

其主要的影响因素有下列几方面：

(1) 切削速度

由实验得知，切削速度 v 愈高，则切削过程中被加工表面的塑性变形程度就愈小，因而有较好的表面粗糙度。刀瘤和鳞刺一般都在较低的切削速度时产生。产生刀瘤和鳞刺的切削速度范围是随不同的工件材料、刀具材料和刀具前角等因素而变化的。图 5-4 所示为切削速度对表面粗糙度的影响。

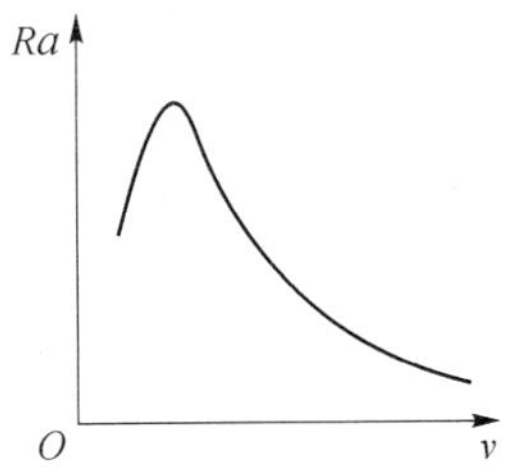

图 5-4 切削速度与表面粗糙度的关系

(2) 被加工材料的影响

加工韧性较大的塑性材料，在加工后其表面较粗糙。而脆性材料在加工后，其表面的轮廓比较接近于纯几何因素所形成的表面粗糙度。对于同样的材料，金相组织的晶粒愈粗大，加工后的表面愈粗糙。因此，为了获得较好的表面质量，在加工前常进行调质或正火处理，以获得较均匀细密的晶粒组织和较高的硬度。

(3) 刀具的切削角度

刀具的前角对切削过程的塑性变形有很大的影响。刀具的前角大，刀具就锋利，切削过程中的塑性变形程度就相应减小，从而可获得较好的表面质量。刀具的后角大，可使刀具的后面与已加工表面的摩擦减小，有利于改善表面质量。刃倾角的大小会影响刀具的实际前角，因此对表面粗糙度也有影响。

(4) 刀具材料与刃磨质量

采用强度好、热硬性高的刀具材料，使刀具易于保持刃口锋利，耐磨性好，故能获得较好的表面质量。

刀具的材料与刃磨对产生刀瘤和鳞刺等均有很大的影响。如用金刚石车刀精车铝合金时，由于摩擦系数小，刀面上不易产生黏附现象，因此能获得较好的表面质量。提高刀具前、后面的刃磨质量，也能获得良好的效果。

此外，合理地选择冷却润滑液，提高冷却润滑效果，也可抑制刀瘤、鳞刺的产生，减小切削时的塑性变形，有利于减小表面粗糙度。

5.4 表面层的物理机械性能及其影响因素

在切削加工过程中,工件受切削力和切削热的作用,其表面层的物理性能、机械性能均有较大的变化。不同的工件材料在不同条件下进行加工,会产生各种不同的表面层特性,已加工表面的显微硬度是加工时塑性变形引起的冷作硬化以及切削热产生的金相组织变化所引起的硬度变化的综合结果。表面层的残余应力,也是由塑性变形所引起的残余应力和切削热产生的金相组织变化所引起的残余应力的综合。

5.4.1 加工表面层的冷作硬化

加工过程中,工件表面层产生的塑性变形使晶体间产生剪切滑移和晶格严重扭曲,并产生晶粒拉长、破碎和纤维化,这时它的强度和硬度都有所增加,这就是冷作硬化现象。冷硬现象的评判标准是硬化的程度和深度。

表面层的硬化程度取决于产生塑性变形的力、变形速度以及变形时的温度。力愈大,塑性变形也愈大,因而硬化程度也愈大。变形速度愈大,塑性变形愈不充分,硬化程度也就减小。变形的温度,不仅影响塑性变形程度,还会影响变形后的金相组织的恢复。当温度处在$(0.25\sim0.3)t_m$(t_m为金属的熔点)时,即产生恢复现象,也就是部分地消除冷作硬化。

5.4.2 加工表面层的金相组织变化与磨削烧伤

1. 金相组织变化与磨削烧伤的产生

在切削加工过程中,加工表面层温度升高。当温度升高超过金相组织变化的临界点时会产生金相组织变化。对一般的切削加工来说,温度升高不多,不一定能达到相变温度。磨削加工时,由于磨削力较大,磨削速度也特别高,所以磨削时的温度较高,再加上大部分磨削热(70%左右)将传给工件,所以磨削时容易发生表面金相组织的变化(磨削烧伤)。

① 干磨时容易产生退火烧伤。若工件表面层温度超过相变温度A_{C3},则马氏体转变为奥氏体,而这时又无冷却液,则表面温度急剧下降,这时工件表层被退火。

② 淬火烧伤。若工件表面层温度超过相变温度A_{C3},则马氏体转变为奥氏体,而这时有充分的冷却液,则工件表层将快速冷却形成二次淬火马氏体,硬度比回火马氏体高。由于二次淬火马氏体层特别薄,故表面层总的硬度是降低的。

③ 回火烧伤。若工件表面层温度未超过相变温度A_{C3},但超过了马氏体的转变温度,这时马氏体将转变为硬度较低的回火屈氏体或索氏体这种现象称为回火烧伤。

磨削实验证明,在轻磨削条件下磨出的表面层金相组织没有什么变化。中磨削条件下磨出的表面层金相组织,显然与基体组织不同,但变化层的深度只有几微米,较容易在后续工序中去除。而在重磨削条件下,磨出的表面层金相组织,其变化层的深度显著加大,如果后续工序加工余量较小,将不能全部去除变化层,对使用性能就会有影响。磨削是一种典型的容易产生加工表面金相组织变化(磨削烧伤)的加工方法。严重的磨削烧伤使零件使用寿命成倍下降,甚至无法使用。

2. 影响磨削烧伤的因素

(1) 磨削用量

① 磨削深度 a_p——当磨削深度增加时,工件温度随之升高,烧伤会增加,故 a_p 不能选得过大。

② 工件纵向进给量 f_a——f_a 越大,磨削区温度越低,磨削烧伤越小,但工件表面粗糙度增大,为了减小表面粗糙度,可采用较宽的砂轮。

③ 工件速度 v_w——增大工件速度,磨削区温度会升高,发热量增大,但热的作用时间却缩短了。为了减少烧伤同时又能保持高的生产率,在选择磨削用量时,应选择较大的工件线速度和较小的磨削深度。

(2) 工件材料

工件材料对磨削区温度的影响主要取决于材料的硬度、强度、韧性和导热系数。

硬度越高,磨削热量越大,若材料过软,则易于堵塞砂轮,反而使加工表面温度急剧上升。工件强度越高,磨削时消耗的功率越大,发热量也越大;工件韧性越大,切削力越大,发热量越大。导热性能比较差的材料(如耐热钢、轴承钢和不锈钢等)在磨削时都容易产生烧伤。

(3) 砂轮的选用

硬度太高的砂轮,自锐性不好,使磨削力增大,温度升高,容易产生烧伤,因此用软砂轮较好。

砂轮的黏结剂也会影响加工表面层的质量。用橡胶作黏结剂的砂轮具有一定的弹性。在精加工时使用,可防止表面烧伤。

(4) 冷却条件

采用切削液带走磨削区的热量可以避免烧伤。目前通用的冷却方法效果较差。由于高速旋转的砂轮产生强大的气流,致使只有少量的冷却液能进入磨削区,而大量冷却液喷注在已经离开磨削区的已加工表面上。此时,磨削热进入工件表面造成了烧伤。所以,必须改进冷却方法以提高冷却效果。具体的改进措施如下:

① 采用高压大流量冷却;

② 加装空气挡板,使冷却液能顺利进入磨削区;

③ 采用内冷却砂轮。

5.4.3 加工表面层的残余应力

在加工过程中,当表面层产生塑性变形或金相组织变化时,在表面层及其与基体之间就会产生互相平衡的应力,称为表面层的残余应力。

表面层产生残余应力的主要原因如下:

(1) 冷态塑性变形

在切削力的作用下,已加工表面产生强烈的塑性变形。当表面层在切削时,受刀具后面的挤压和摩擦的影响较大,表面层产生伸长塑性变形,表面积趋于增大,此时里层金属受到影响,处于弹性变形状态。在外力消失后,里层金属趋于复原,但受到已产生塑性变形的表面层的限制,不能回复到原来的状态,因而里层产生拉伸应力,外层产生残余压缩应力。同理,若表层产生收缩性变形时,由于基体金属的影响,表面层将产生残余拉伸应力,而里层则产生残余压缩应力。

一般来说,在冷态塑性变形时,同时使金属的晶格被扭曲,晶粒受到破坏,导致金属的密度下降,比容积增大。因此,在表面层要产生残余压缩应力。

(2) 热态塑性变形

工件被加工表面在切削热作用下产生热膨胀,此时基体金属温度较低,因此表面层产生热压应力。当切削过程结束时,表面温度下降,由于表层产生热塑性变形并受到基体的限制,故产生残余拉应力。磨削温度越高,热塑性变形越大,残余拉应力也越大,有的甚至产生裂纹。

(3) 金相组织的变化

切削加工时,尤其是磨削加工时的高温,会引起表面层金相组织的变化。由于不同的金相组织有不同的密度,因此,不同组织的体积也不相同。若表面层的体积增加,由于受基体影响,表面产生残余压应力;反之,表面层体积缩小,则产生残余拉应力。

磨削加工淬火钢,淬火钢原来的组织是马氏体,磨削加工后,表面层产生回火现象,马氏体转化成接近珠光体的屈氏体或索氏体,密度增大而体积减小,产生残余拉应力,里层产生残余压应力。若表面温度超过相变温度 A_{C3}(一般中碳钢为 720 ℃),冷却又充分,则表面层又成为马氏体,体积膨胀,表面层产生残余压应力。

5.5　工艺系统的振动及其控制方法

在机械加工过程中,有时会产生振动。振动使工艺系统的正常切削过程受到破坏,使被加工表面的质量变坏,影响刀具的寿命,加快机床的损坏,对表面层的物理性能、机械性能也有影响。为了避免振动的产生,常常被迫采用较小的加工用量,因而限制了生产率。

5.5.1 机械加工中振动的类型及特点

振动的基本类型有两种,即强迫振动和自激振动。这两种振动都是不衰减振动,危害很大。在切削加工过程中,还会出现自由振动。它是由切削力突然变化或其他外界冲击等原因引起的。但这种振动很快会衰减,因此对切削加工过程的影响不大。

1. 强迫振动

强迫振动是在外界周期性干扰力的作用下产生的振动。

强迫振动的周期和频率等都由外力决定。强迫振动可能是周期性的振动,也可能是非周期性的振动,这要由干扰力来决定。

消除或减弱强迫振动的途径如下:
① 消除或尽量减小干扰力;
② 采取隔离措施,使干扰力不传到系统中;
③ 增大系统刚度和阻尼,避免出现共振现象。

2. 自激振动

自激振动是机械加工过程中经常出现的一种振动。由振动过程本身引起某种切削力的周期性变化,又由这个周期性变化的切削力,反过来加强和维持振动,使振动系统补充了由于阻尼作用而消耗的能量。这种类型的振动,称为自激振动。

当振幅为某一值时,如果获得的能量大于所消耗的能量,则振幅不断加大;反之,则振幅减小。振幅的增大或减小,直到能量平衡时即止。

减弱或消除自激振动的方法如下:
① 减小振动系统获得的能量;
② 减小切削力和增大系统刚度。

5.5.2 减小振动与提高稳定性的措施

想要减小振动,提高切削加工的稳定性,可采取以下措施。

1. 合理选择切削用量

(1) 切削速度的选择

图 5-5 所示为车削中碳钢时切削速度对振幅的影响。

当切削速度为 20~60 m/min 时,容易产生自振,相应的振幅为最大。在一定的切削速度下,有时易产生自激振动;而切削速度高于或低于此范围,则振动减弱。因此,为了避免切削时产生自振,实现稳定切削,切削速度应在低速或高速范围内选择。

(2) 进给量的选择

如图5-6所示,随着进给量 f 的增大,振幅 A 下降,振动减弱,工艺系统变得不易产生自振,但 f 增加后会影响工件的表面粗糙度。因此,在加工时,应在粗糙度的许可条件下,选取较大的进给量。

(3) 切削深度的选择

如图5-7所示,随着切削深度 a_p 的增加,振幅 A 也增大,振动加剧。

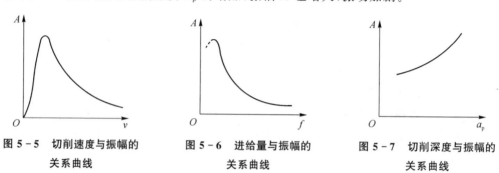

图 5-5 切削速度与振幅的关系曲线

图 5-6 进给量与振幅的关系曲线

图 5-7 切削深度与振幅的关系曲线

为减弱振动,可减小 a_p,但会导致生产率下降。因此,应综合考虑切削深度 a_p 和进给量 f 对切削稳定性的影响。

2. 合理选择刀具的几何参数

合理选择切削刀具的几何参数,是保证稳定切削的重要措施。对产生振动影响较大的几何参数有前角 γ_0、主偏角 K_γ、后角 α_0 和刀尖半径 r_t。

前角 γ_0 愈大,振动将随之减弱,切削过程趋于平稳(见图5-8)。但前角 γ_0 的增大会削弱刀尖的强度,所以在中、低速加工时,可选用较大的前角,在高速加工时,才选择负前角加工。

如图5-9所示,随着主偏角 K_γ 的增大,振幅将逐渐降低。因为 K_γ 增大,垂直于加工表面方向的切削分力 P_y 将减小,不易产生自振。

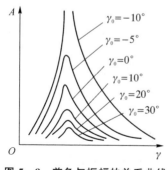

图 5-8 前角与振幅的关系曲线

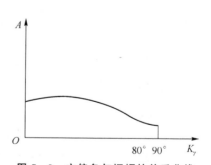

图 5-9 主偏角与振幅的关系曲线

后角 α_0 应尽可能取小些,但不能太小,以免刀具后面和工件间摩擦加大反而引起振动。

刀尖半径 r_t 增大,则径向切削分力将随之增大,所以刀尖半径愈小则愈不易产生振动。但是,减小刀尖半径 r_t,不但会影响刀具寿命,而且还会使被加工表面的粗糙度 Ra 值增大。因此,刀尖半径 r_t 的选择应综合考虑诸方面的影响。

3. 提高工艺系统的抗振性

提高工艺系统的抗振能力,是减小切削加工过程振动的最基本措施。一般可采取下述措施:

(1) 改善机床结构以提高抗振性

机床的抗振性在整个工艺系统的抗振性中占主导地位。要提高机床的抗振性,就是要提高机床的动刚度,特别是要提高在振动中起主振作用的部件(如主轴组件、刀架部件和尾座部件等)和基础部件(如床身、立柱和横梁等)的动刚度。

① 改善机床的制造和装配质量。增大机床结构的阻尼,就可以增大机床结构的动刚度,从而提高机床的抗振性。一般单一零件,如床身、主轴等的阻尼系数为 $0.001\sim0.02$,而装配好的主轴组件的阻尼系数为 $0.02\sim0.05$,刀架、溜板和床身系统的阻尼系数为 $0.1\sim0.2$。由此可见,零部件结合面间的摩擦和结合状况对阻尼系数都有很大的影响。而机床的制造和装配质量决定了结合面间的摩擦和结合状况。例如主轴和轴承间的装配间隙增加,主轴组件的动刚度将显著降低,而主轴与轴承间合理的过盈配合,将会使主轴组件的阻尼系数增大,从而提高机床的动刚度。

② 采用"薄壁封砂"结构。在床身结构设计中,有的机床将型砂、泥芯密封在床身的空腔内,使抗振性显著提高。

③ 增加机床的结构质量。在激振力频率比固有频率大很多时,可考虑增加结构的质量来提高机床在受迫振动下的动刚度。

(2) 合理安排机床各部件的固有频率

机床是一个多自由度的振动系统,其各质量部分运动的相互影响将决定着系统的振动。因此,合理安排机床各零部件的固有频率,将有助于提高机床的抗振性。

① 主轴箱部件、刀架-溜板部件或尾座部件等机床上被支承部件的固有频率应远离床身、立柱等支承零件的固有频率;否则,床身、立柱振动时,主轴箱或刀架-溜板箱等会减少床身、立柱的振动,但它们本身的振动却大大增加。

② 机床各部件的固有频率应远离传动系统带来的干扰频率。

③ 主轴转速应尽可能避免切削不稳定区域。

(3) 增强机床与地基之间的联结刚度

机床与地基之间的联结情况,对机床的动刚度有明显影响。若把车床安装在不同的基础上的试验,则可观测到:当安放在橡皮垫上时,因系统固有频率很低,振幅很大,引起的系统共振频率就很低;若安装在沥青浇灌的基础上,则共振频率较高,振幅较小;安放在水泥基础上则情况更好。此外,对于同样的安装基础,地脚螺钉的配置和紧固稳妥都会直接影响机床的动刚度。对于高速运转或往复运动冲击惯性大的机床来说,增强机床与地基之间的联结刚度尤为重要。

（4）增强工件及工件支承件的刚度

细长件、薄壁件等刚性较差的零件加工时,容易产生振动。在这种情况下,工件及其支承件往往是整个工艺系统引起振动的薄弱环节。因此,在加工细长轴时,工件愈细长,刚度就愈差,愈容易引起振动。在车削细长轴时,可采用中心架或跟刀架；加工薄壁盘形零件时一般可采用双面车床,以减少变形和振动。

（5）增强刀具及刀具支承件的刚度

同工件及工件支承件的刚度一样,刀具及刀具支承件(刀杆)的刚度也会成为整个工艺系统的薄弱环节而影响切削的稳定性。如悬臂镗削时,镗杆刚度越高,发生切削自振对应的切削速度也越高。

4. 消除或减少切削过程的干扰源

切削过程中各种干扰源的影响,主要是使系统产生强迫振动。当干扰源的频率和某零部件的固有频率相近时,就要产生共振,使系统的振动加剧。

（1）来自机床的干扰振源

① 机床回转组件的质(重)量不平衡；

② 由齿轮啮合不良(冲击)引起的振动；

③ 主轴滚动轴承的振动；

④ 机床电动机的振动；

⑤ 传动皮带的振动。

（2）来自工件的干扰振源

工件回转时的不平衡、加工表面不连续、材质和加工余量不均匀都会引起切削力的变化,产生振动。

（3）来自刀具的干扰振源

例如铣削时,由一圈均布的刀齿数目造成的不连续切削,引起周期性的切削冲击振动。冲击将成为干扰源,同时也引起工艺系统其他零部件的自由振动。

5. 采用减振装置

如果不能从根本上消除产生机械振动的条件,又不能有效地提高工艺系统的动态特性,那么为了保证加工质量,但又不希望采用降低切削用量而使生产率下降,就需要采用减振装置。

（1）摩擦式减振装置

摩擦式减振装置是利用固体或液体的摩擦阻尼来消耗振动的能量的。它常用来减小机床传动系统的扭转振动，一般安装在速度高、振幅大的部位。

例如，图5-10所示的惯性圆盘式减速器的工作情况如下：惯性圆盘在封闭的壳体内可以绕光滑耐磨的衬套转动。在环形壳体和惯性圆盘的径向和侧向间隙中充满着黏性较大、化学性能稳定的硅油。使用时，将减振器的壳体与扭振轴固联，使其随之产生扭振。在振动过程中，惯性圆盘的运动总是滞后于壳体的运动，由于这种相对运动的出现，间隙中硅油的黏滞性阻尼就能减弱系统扭转振动的作用。为了得到合适的硅油的黏度可掺入其他油来调制。

（2）冲击式减振装置

冲击式减振装置是由一个与振动系统刚性联结的壳体和在壳体内自由冲击的质量所组成。当系统振动时，由于自由质量反复冲击壳体消耗了振动的能量，因而可以显著减小振动。

冲击式减振装置虽有因碰撞产生噪声的缺点，但由于其具有结构简单、质量轻、体积小，在某些条件下减振效果好，以及在较大的频率范围内都适用的优点，所以应用较广。特别适用于减小高频振动的振幅，如图5-11所示的冲击消振镗刀，用来减小镗杆及刀具的振动。

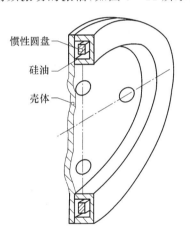
图5-10 惯性圆盘式减振器

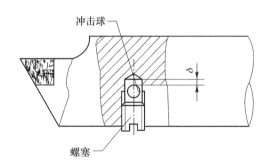
图5-11 冲击消振镗刀

（3）动力减振装置

动力减振装置是用弹性元件把一个附加质量联系到振动系统上的一种减振装置。它是利用附加质量的动力作用，使弹性元件加在主系统的力与干扰力尽量平衡来减小振动的。动力减振装置主要用于减小受迫振动。

6. 隔　振

将振源隔离是减小振动危害的重要途径之一。一方面，对于刨床、冲床等一类有往复惯性冲击运动的机床，由于它的振动会对安装得较近的其他加工设备、测试设备的正常工作产生影响；另一方面，对于精密机床或设备，为了避免周围振源对它的影响，都将这些设备与整个地基隔开来。其主要措施是把需要隔离的机床或设备安装在合适的弹性装置上，使大部分振动被隔振装置吸收。

隔振材料常用的有橡胶、弹簧、软木和泡沫塑料等。现将常用隔振材料和隔振器列于表 5-1 中。

表 5-1 常用隔振材料和隔振器

名　称	特　性	应　用
橡胶隔振器	承载能力低,刚度大,阻尼大,有蠕变效应。可做成各种形式,能自由地选取三个方向刚度	用于静变形较小的系统积极隔振,载荷较大时做成承压式,载荷较小时做成承剪式
金属弹簧隔振器	承载能力高,变形量大,刚度小,水平刚度较竖直刚度小,易晃动	由于易晃动,对于精密机床或设备不易采用
空气弹簧隔振器	刚度由压缩空气的内能决定	用于有特殊要求的精密仪器和设备的隔振
软木	质量轻,有一定弹性,阻尼系数为 0.08~0.12	用于静变形较小的系统积极隔振,或与橡胶、金属弹簧结合作为辅助隔振器
泡沫橡胶	富有弹性,刚度小,阻尼系数为 0.1~0.15,承载能力低,性能不稳定	用于小型仪器仪表的隔振
泡沫塑料	刚度小,承载能力低,易老化	用于特别小型仪器仪表的隔振
毛毡	阻尼大,在干、湿反复作用下易变硬,丧失弹性	用于抗冲击隔振
其他	木屑、玻璃纤维、黄砂等	用于抗冲击隔振或隔除地板与设备间的振动

习题与思考题

5-1 表面质量包含哪些主要内容?为什么机械零件的表面质量与加工精度具有同等重要的意义?

5-2 试举例说明机械零件的表面粗糙度对其使用寿命及工作精度的影响。

5-3 机械加工过程中为什么会造成被加工零件表面层物理、机械性能的改变?对产品质量有何影响?

5-4 为什么有色金属用磨削加工不能得到高的表面质量?若需要磨削有色金属,为提高表面质量应采取什么措施?

5-5 为什么会产生磨削烧伤及裂纹?举例说明减少磨削烧伤及裂纹的措施。

5-6 加工精密零件时,为保证加工表面的表面质量,粗加工前常有球化退火、退火及正火工序,粗加工后常有调质和回火工序,精加工前常有渗碳、渗氮及淬火工序。试分析这些热处理工序的作用。

5-7 磨削外圆时,纵磨法和横磨法在其余工艺条件都一样时,哪种方法磨出的外圆表面质量好?

5-8 铣削平面时,试比较不同加工方式对加工表面质量的影响:

(1) 顺铣和逆铣;

(2) 周铣与端铣。

5-9 在外圆磨床上磨削光轴外圆时,加工表面产生明显的振痕,如何正确区分是电动机的影响还是砂轮不平衡的影响?

5-10 车外圆时,车刀安装高一点抗振性好还是安装低一点抗振性好?镗孔时,镗刀安装高一点抗振性好还是安装低一点抗振性好?

第6章 典型零件的加工

6.1 接头类零件

6.1.1 接头类零件概述

1. 接头类零件的功用与结构特点

接头类零件主要是指飞机的机身与机身、机翼与机身、机翼与机翼、尾翼与机身等相连接的各种接头。几种常用接头如图6-1所示。接头主要起连接作用,其特点是:零件结构复杂,刚性差,协调内容多且加工难度大,加工工序多,工艺过程长。

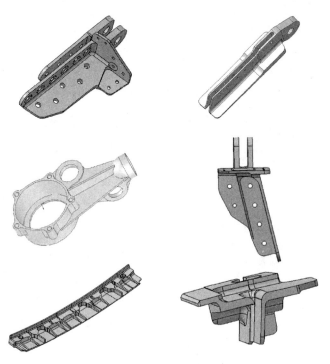

图6-1 常用接头

2. 接头类零件的材料

由于飞机接头承受各种较大的应力,故要求接头应具有较高的强度、刚度和韧性,以保证飞机在飞行中承受复杂应力时具有高的安全性和可靠性。

(1) 尾翼接头常用材料

尾翼与机身的连接接头,目前常用材料主要有下列两种:

1) 低合金超高强度钢 30CrMnSiNi2A

该钢是在 30CrMnSiA 钢的基础上提高了锰和铬的含量,并且添加了 1.4%～1.8%镍,使其淬透性得到明显提高,改善了钢的韧性和回火稳定性;经热处理后可获得高的强度,好的塑性和韧性,良好的抗疲劳性能、断裂韧度和低的疲劳裂纹速率。30CrMnSiNi2A 结构钢的抗拉强度为 1 600～1 800 MPa,适用于制造飞机起落架、机翼主梁、接头、承力螺栓和轴类等重要受力结构件。

2) 300M 钢

300M 钢(40CrNi2Si2MnVA)是一种超高强度钢,它是在 4340 钢的基础(Cr-Ni-Mo)上添加了 1.5%左右的硅而发展起来的,这样使得 300M 钢经热处理后(油淬加回火),其抗拉强度最高可达 1 860 MPa 以上。相对于 30CrMnSiNi2A,其具有横向塑性高、断裂韧性强、疲劳性能优良、抗应力腐蚀性能好等明显优点。它的含碳量为 0.40%～0.45%、锰量为 0.65%～0.90%、镍为 1.65%～2%,含硅量为 1.45%～1.80%,含铬量为 0.65%～0.90%,含钼量为 0.30%～0.45%等。300M 钢的高温塑性很好,可锻性好。从热处理工艺性方面分析,300M 钢的淬透性很强,承受载荷的能力很强。主要用于制造飞机的起落架、接合螺栓、主要承力结构件等极为重要的零件。

(2) 机身、机翼接头常用材料

机身与机身、机翼与机翼、机翼与机身的连接接头,目前常用材料主要有以下几种:

1) ZA50(5 号锻铝)或 ZA14(10 号锻铝)

机翼与机身、机翼与机翼、翼梁的接头材料通常选用 ZA50(5 号锻铝)或 ZA14(10 号锻铝)。该材料属于铝镁硅铜系列合金,铝合金不但保持了铝的基本物理、化学性能,如比重较小,比强度较大,导电性、导热性及耐腐蚀性能较好,抗疲劳性能优良,机械加工工艺性较好,并且可以通过热处理强化,提高它的机械性能。铝合金的铸造性能良好,适用于制造大截面铸锭,作为热锻大型零件的毛坯之用。热加工性能良好,适用于制造形状复杂及承受中等载荷的锻件。

2) 7A04(4 号超硬铝)、ZA12(12 号硬铝)

机身与机身、机翼与机翼的对接处常用 7A04(4 号超硬铝)、2A12(12 号硬铝)。

3. 接头类零件的毛坯

毛坯选择是否合理对零件的质量、材料消耗和零件的加工过程都有很大影响。根据零件的功能要求,结合零件的形状尺寸,接头类零件的毛坯通常确定为模锻件。模锻件不仅能避免铸造毛坯的气孔、缩松、微裂纹等缺陷,而且可以细化金属晶粒,改善金属内部组织,毛坯尺寸精度较高,节省金属,且毛坯锻造流线清晰、流线分布合理,金属纤维分布符合零件的受力特点,大大提高了零件材料的力学性能,提高了零件的承载能力。

6.1.2 接头零件加工工艺设计

1. 零件的工艺分析

图 6-2 所示为水平尾翼接头零件。

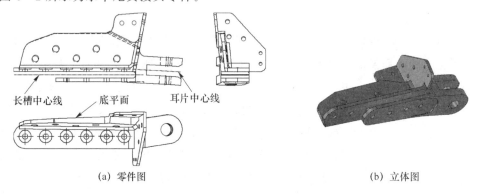

图 6-2 水平尾翼接头

为了制定出合理可行的加工方案,应从以下几个方面对零件进行工艺分析。

(1) 零件装配关系及功用的分析

飞机水平尾翼接头,安装在飞机尾段 65 框的下部。从图 6-3 可以看出:该接头的底平面和长槽与 1 号件通过 2 号件、3 号件螺栓连接;头部双耳片及头部孔 $\phi22H9$ 通过 6 号件与 5 号件连接;9 号件通过 7 号件、10 号件通过 8 号件与水平尾翼接头相连。水平尾翼接头头部两耳片之间的槽 18.6H10 及孔 $\phi22H9$ 与接头(5 号件)上的厚为 18 mm 的耳片及孔 $\phi22H9$ 依靠螺栓(6 号件)连接,从而实现了机身 65 框与水平尾翼相连接的目的,水平尾翼接头是关键件。水平尾翼是控制飞机的左、右偏摆方向,并使飞机纵向具有必要的稳定性和操纵作用的关键受力部件。主要承受拉应力,左右方向的剪切应力及弯扭矩,承受较大的疲劳载荷。零件头部双耳片两侧、头部孔 $\phi22H9$、长槽及底平面为主要配合面和主要受力部位,零件头部双耳片两侧、头部孔 $\phi 22H9$、长槽及底平面之间的相对位置决定了水平尾翼与机身的正确位置。

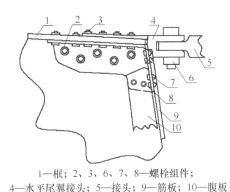

1—框；2、3、6、7、8—螺栓组件；
4—水平尾翼接头；5—接头；9—筋板；10—腹板

图 6-3 水平尾翼接头装配位置简图

(2) 设计基准的分析

由图 6-2(a)所示的零件图可以看出:该零件的主设计基准为底平面,头部耳片槽的中心线,对接孔 $\phi 22H9$ 的中心线。

(3) 加工技术要求分析

由零件图和装配图以及零件的功用可知,此零件的主要表面为:①头部双耳片两侧；②头部孔 $\phi 22H9$；③长槽；④底平面。主要表面的尺寸精度为 IT8～IT10,表面粗糙度 Ra 为 3.2～0.8,各个表面之间有较高的位置精度。次要表面的尺寸精度为 IT12～IT13,表面粗糙度 Ra 为 3.2～6.3。

底平面的最小壁厚为 4 mm,槽的最小壁厚为 6 mm。因此,在加工中如何防止零件变形是加工中的难点和关键。头部双耳片两侧、头部孔 $\phi 22H9$、长槽和底平面之间的位置精度要求较高,也是加工过程中的关键部位。

该零件在加工中与其他零件相互协调比较复杂,如 4 号件与 5 号件的协调等,如何保证零件与零件之间的协调也是加工中的关键,协调主要是通过夹具或样板解决零件与零件之间的协调问题。

2. 毛坯的选择

(1) 毛坯类型的确定

根据水平尾翼接头零件的受力特点及功用,此零件的毛坯确定为模锻件。模锻件不仅能避免铸造毛坯的气孔、缩松和微裂纹等缺陷,而且可以细化金属晶粒,改善金属内部组织,尺寸精确,节省材料,且毛坯锻造流线清晰、分布合理,金属纤维分布符合零件的受力特点,大大提高了零件材料的力学性能,而且适合批量生产。

(2) 毛坯分模面的确定及拔模斜度和圆角的设计

在毛坯制造时,首先要选择一个合理的分模面(见图 6-4),它是上、下模的分界面。分模面的确定应遵循几个原则:应使金属易充填型槽,锻件易从型槽内取出;应简化锻模及切边模制造,且易检查上、下模错移;还应避开受最大载荷的截面。它的选择是否合理将关系到锻件的生产工艺和锻模制造,从而影响锻件质量及生产成本和经济效益。通过对零件的受力和形状分析,将此锻件的分模面选在底平面上。为了便于锻件出模,垂直于分模面的表面必须设计一定斜度(模压斜角),按 HB 6077—86 斜度确定为 $7°$。

根据被选材料的特性,为了减小金属流入模腔的摩擦力,避免锻件被撕裂和锻造流线被拉断,并且使金属易于充满模腔及减小模稍凸角处的应力集中,提高模具寿命,将锻件上面与面相交处设计成圆角过渡。此锻件上圆滑过渡处外圆半径 r 定为 3 mm,内圆半径定为 12 mm。

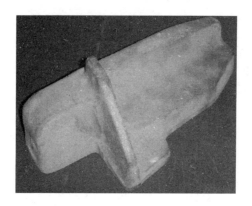

图 6-4　毛坯图

3. 加工阶段的划分

零件在加工中划分阶段的目的是:保证加工质量,合理使用设备,便于安排热处理工序和及时发现毛坯的内部缺陷。因为该零件结构复杂,相对刚性较差,加工过程中易变形,零件还要进行热处理,所以该零件的加工过程应划分为粗加工、半精加工和精加工三个阶段。

4. 工序集中与分散

该零件的加工采用工序集中的原则。因为零件结构复杂、协调关系多和零件装夹困难,为了提高生产效率,保证加工质量,尽可能将多的加工表面集中到一道工序内进行,使总工序数目减少,同时减少了安装定位次数、装夹时间和夹具数量,有利于提高零件的质量和生产率。

5. 定位基准的选择

制定机械加工工艺规程时,正确选择定位基准对保证零件表面间的位置要求(位置尺寸和位置精度)和安排加工顺序都有很大影响。在选择定位基准时,应从保证零件质量出发,合理选择定位基准。

(1) 精基准的选择

图 6-2 所示零件的设计基准为底平面、头部耳片槽中心线和对接孔中心线。在编制零件加工工艺规程时是以工件的底平面、头部耳片槽中心线以及对接孔中心线作为工序基准。在工件的加工过程中是以工件的底平面、长槽中心(因为长槽定位可靠)以及头部耳片对接孔中心线作为定位基准。这样,工序基准与设计基准重合,定位基准与工序基准基本重合,不仅遵循基准重合的原则,而且避免尺寸链换算,同时提高了零件的加工精度。

(2) 粗基准的选择

粗基准选择的主要目的是定位稳定、可靠,应能保证加工面与不加工面之间的位置要求,各加工面的余量尽量均匀合理,同时为后续工序提供精定位基准(或精定位基面)。

对于图 6-2 所示零件在开始加工时,选用底平面作为粗基准,加工筋板两侧斜平面,再以两侧斜平面定位加工底平面;在后面的加工中,均以底平面为精基准加工其他表面。这样,不仅定位基准与工序基准重合,而且定位面大且稳定可靠。

6. 热处理及表面处理工序的安排

(1) 热处理

热处理的目的是提高材料的力学性能,改善金属加工性能以及消除残余应力。制定工艺规程时要根据设计和工艺要求合理安排热处理。根据热处理的目的和功用不同,可把热处理分为两大类,即最终热处理和预备热处理。

① 最终热处理的目的是提高材料的力学性能,一般应安排在精加工前后。对于变形量较大的材料,热处理应安排在精加工前进行,以便在精加工时纠正由热处理引起的变形;对于变形量较小的材料,热处理应安排在精加工后进行。

图 6-2 所示零件的最终热处理就是安排在精加工之前进行,这是因为该零件热处理时变形较大,而这个变形可以在精加工磨削时予以消除,同时为了防止工件在热处理时变形,在工件头部两耳片之间和长槽中间放入工艺垫圈来控制槽口变形。

② 预备热处理的目的是改善材料的加工性能,为最终热处理做准备和消除残余应力,它应安排在粗加工前后和需要消除应力处。图 6-2 所示零件在精加工磨削后也安排了一道热处理工序——低温回火。安排这道工序的目的是消除磨削后产生残余应力。

(2) 表面处理

材料表面处理的目的是利用各种表面涂镀层及表面改性技术,赋予基体材料本身所不具备的特殊力学、物理和化学性能,从而满足工程上对材料及其制品提出的各种要求。

① 喷丸处理 利用压缩空气流、高压水或离心力使磨料(砂粒、铁丸等)冲击工件表面,以

除去锈迹、高温氧化皮、旧漆和污垢等,使工件表面强化的工艺方法。零件表面通过喷丸后产生形变强化层,并产生残余压应力,从而提高零件疲劳强度和承载能力。

② 磷化处理 将钢零件放入含有磷酸盐的溶液中,获得一层不溶于水的磷酸盐膜的过程。零件经过磷化处理后,在其表面产生一层保护膜,能保护基体金属不受水和其他腐蚀介质的侵蚀,提高零件的抗腐蚀能力,也能提高对有机涂膜的附着力和耐老化性。

7. 辅助工序的安排

辅助工序包括检验、去毛刺、涂漆和防锈等。虽然是辅助工序,但确是必不可少的,若安排不当或遗漏,将会给后续工序带来困难,影响产品质量。零件加工过程中,检验工序种类较多,如中间检验、特检和表面保护、称重等。一般检验工序安排的原则如下:

(1) 普通检验

检验工序是必不可少的工序,它对保证产品质量、防止产生废品起到重要作用。除了工序中由操作者自检外,一般在下列情况下需要单独安排检验工序:

① 重要工序之后;
② 零件加工中转换车间时,如热处理、焊接等;
③ 零件全部加工完成后。

(2) 特 检

特检是通过磁力探伤、荧光、X射线和超声波等方式发现材料缺陷的物理方法的简称,又称为无损探伤,是现代工业生产中应用最为普遍,同时也是较为成熟的检验方法。一般在下列情况下需要安排特检工序:

① 重要零件在精加工之后,表面处理之前;
② 粗加工之前;
③ 重要工序之后。

(3) 称 重

飞机零件对质量有严格的要求,所以在零件加工之后,表面处理之前要安排称重工序。

对于图6-2所示零件,在整个加工过程中,辅助工序的安排是:普通检验五次,分别是工序0、工序310、工序320、工序345和工序385;特检一次,是工序355;还有去毛刺和涂漆等辅助工序。

8. 零件加工工艺过程

表6-1所列为图6-2所示接头零件的简化加工工艺过程。

表 6-1 接头加工工艺过程

工序号	名称	工序图	内容	工装
0	毛检		检验零件材料牌号、状态、规格、炉批号、合格证	
5	钳工		① 修平 A 面,保证平面度 0.5 ② 在工序图所示处打零件序号,并在路线卡片上也标注相同序号	
10	划线		按工序图全面检查余量(保证各加工处有足够的余量);并划端头及槽外侧去模压角找正线	
15	铣工		按工序图铣端头及槽两侧模压角(去模压角加工范围按工序图所示,注意按中心线找正)	
20	铣工		按工序图铣所示底平面(见平即可,允许局部有黑皮)	
25	铣工		按工序图铣削(注意找正槽中心)	
30	钳工		去毛刺	

续表 6-1

工序号	名称	工序图	内容	工装
35	划线		按工序图划槽加工线,并划工艺孔位置线	
40	钳工		按工序图钻工艺孔	拼装钻模
45	铣工		按工序图粗铣槽	盘铣刀
50	铣工		按工序图从另一侧排除槽内残留部分	盘铣刀
55	铣工		去除工序图所示槽根部三角处残留部分	立铣刀
60	铣工		按工序图粗铣外形	

续表 6-1

工序号	名 称	工序图	内 容	工 装
65	铣工		按工序图精铣槽（全部铣通）	铣切夹具、云丁铣刀
70	钳工		去毛刺并校正槽，使槽根部 R 区圆滑过渡	
75	划线		按工序图划外形加工线	
80	铣工		按工序图铣头部（注意保持与中心对称）	
85	铣工		按工序图铣头部端面（允许与工序 90 和 95 合并）	
90	铣工		按工序图铣削外形	立铣刀
95	铣工		按工序图铣削外形	

续表 6-1

工序号	名称	工序图	内容	工装
100	铣工	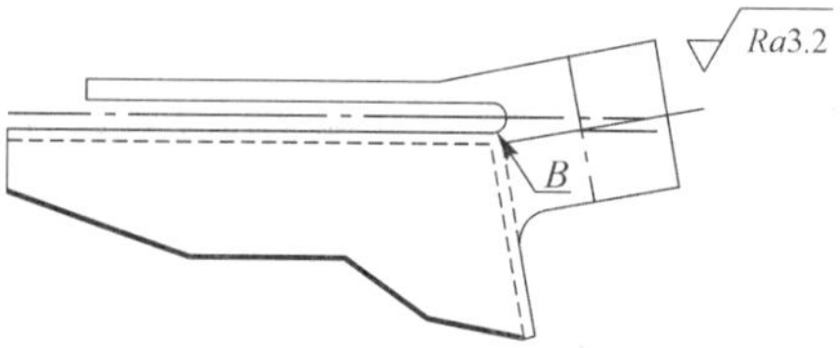	按工序图铣削外形	
105	钳工	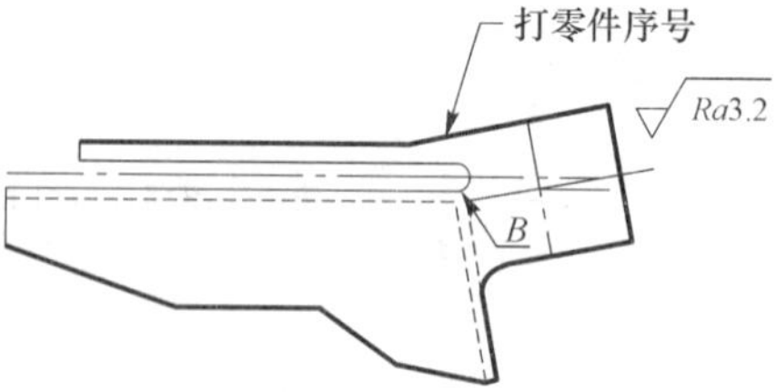	去毛刺；锉修外形；并移打炉批号、序号于图示处（位置在耳片的中心线上，并与槽底齐平）	
110	划线	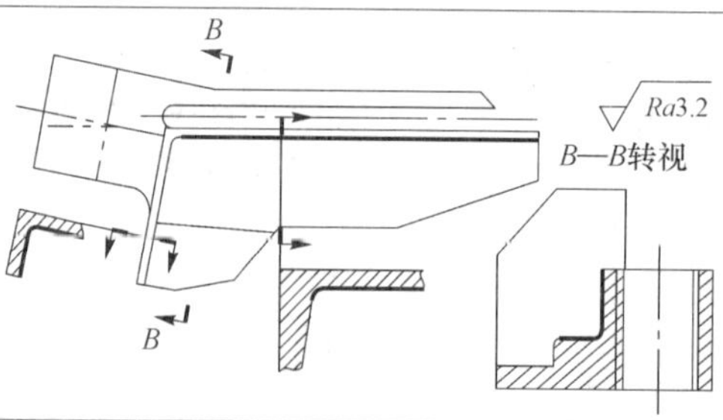	按工序图划内形加工线	
115	铣工	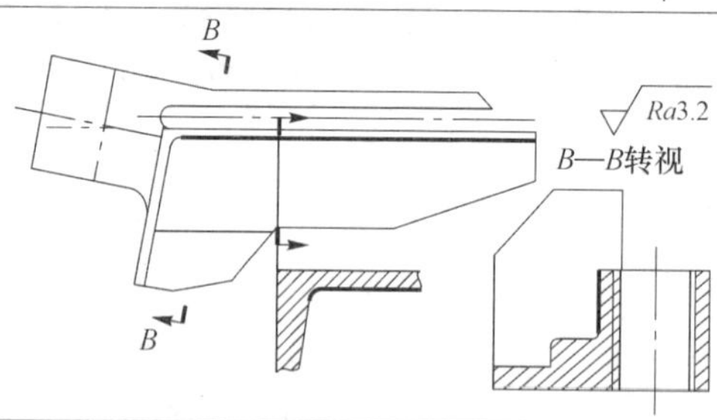	按工序图铣内形壁厚	立铣刀
120	铣工	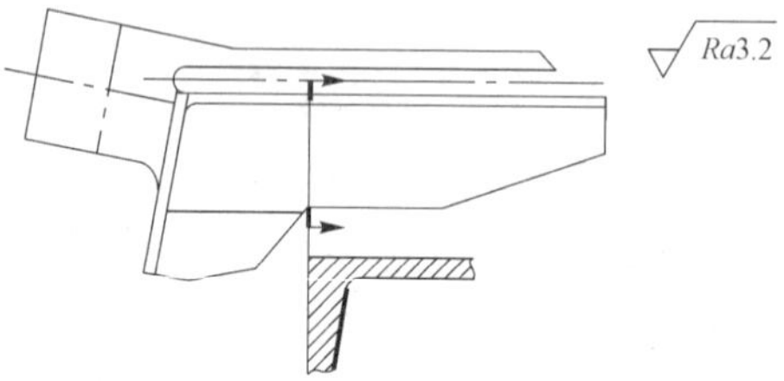	按工序图粗铣内形面（留0.2左右精铣余量）	铣切垫块、立铣刀

续表 6-1

工序号	名 称	工序图	内 容	工 装
125	铣工		按工序图铣内形面	铣切垫块、立铣刀
130	铣工		按工序图精铣平面	铣切垫块、机夹立铣刀
135	钳工		去毛刺,打磨铣工未接平处及内形处圆滑过渡	
140	划线		按工序图划双角度顶面加工线	
145	铣工		按工序图粗铣两移出剖面顶面（留余量 0.2~0.3）	铣切垫块、自制机夹铣刀

续表 6-1

工序号	名 称	工序图	内 容	工 装
150	铣工		按工序图精铣两移出剖面顶面	铣切垫块、自制机夹铣刀
155	铣工		按工序图铣1面	铣切垫块、自制机夹铣刀
160	铣工		按工序图俯视图和 $F-F$ 视图补铣 BC 边	铣切垫块、立铣刀
165	钳工		按工序图 $B-B$ 剖视去除反切外样板位置处的残留不平处及毛刺	反切外样板

续表 6-1

工序号	名称	工序图	内容	工装
170	划线		按工序图及样板划 1 面的加工线	反切外样板
175	铣工		按工序图铣 1 面,留锉修余量 0.2~0.4	反切外样板
180	钳工		按工序图锉修 1 面;去毛刺;锉修俯视图移出剖面 $R4$(按样板锉修合格后再锉修 $R4$)	反切外样板
185	划线		按工序图划外形加工线	

续表 6-1

工序号	名称	工序图	内容	工装
190	铣工		按工序图铣 $D—D$ 剖面所示的面（允许与工序 195 合并）	立铣刀
195	铣工		按工序图铣头部外形直平面	
200	铣工		按工序图铣头部外形圆弧面	
205	铣工		按工序图铣削尾部外形	

续表 6-1

工序号	名 称	工序图	内 容	工 装
210	铣工		按工序图铣俯视图所示尾部外形	
215	铣工		按工序图铣 A—A 剖视筋板外形斜面及圆角	
220	铣工		按工序图铣 A—A、B—B 剖视槽口 R 处	圆弧铣刀
225	钳工		去毛刺,锉修工序图所示 R 处	

续表 6-1

工序号	名称	工序图	内容	工装
230	铣工	(L+0.5)±0.1, $h_{-0.2}$, $\sqrt{Ra3.2}$；夹具对刀块、深度对刀块、压板A示意、压板B示意	按工序图及夹具铣槽及其两耳片外侧（注意：定位面装夹时间隙≤0.1；压板A、B位置压紧时不能处于悬空位置；粗铣槽第一刀后松开压板B和后部对应处支撑螺钉再精铣）	铣磨钻夹、盘铣刀
235	铣工	(L+0.5)±0.1, $h_{-0.2}$, $\sqrt{Ra3.2}$；夹具对刀块、深度对刀块、压板A示意、压板B示意	按工序图补铣耳片左侧根部残留，保证R	
240	钳工	$\sqrt{Ra3.2}$	去毛刺，锉修外侧与R圆滑过渡	
245	钳工	$\sqrt{Ra3.2}$；压板A示意	按工序图钻孔（注意：定位面间隙≤0.1，压板A压紧时不能压在悬空位置）	铣磨钻夹具

续表 6−1

工序号	名 称	工序图	内 容	工装
250	划线		按工序图划耳片外形加工线,保证 R	
255	铣工		按工序图铣耳片外形,保证 R	
260	钳工		按工序图及 $B-B$ 剖视,锉修工序图所示 A 向头部外形 R,锉修槽口倒角	
265	划线		按工序图划 $A-A$ 剖视内形下陷加工线	

续表 6-1

工序号	名称	工序图	内容	工装
270	铣工	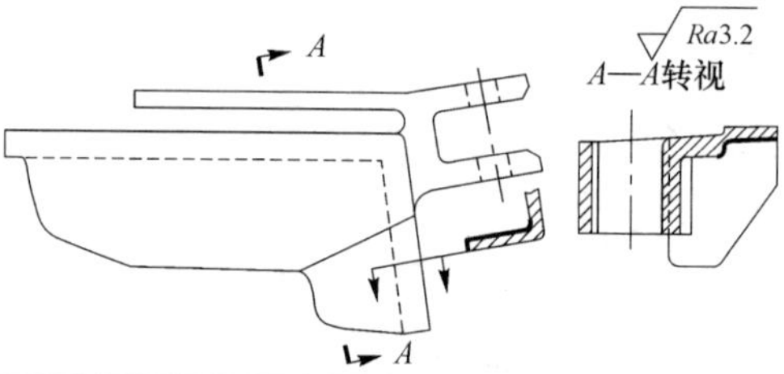	按工序图铣内形下陷,保证壁厚并使加工与已加工面接平	铣切夹具
275	铣工	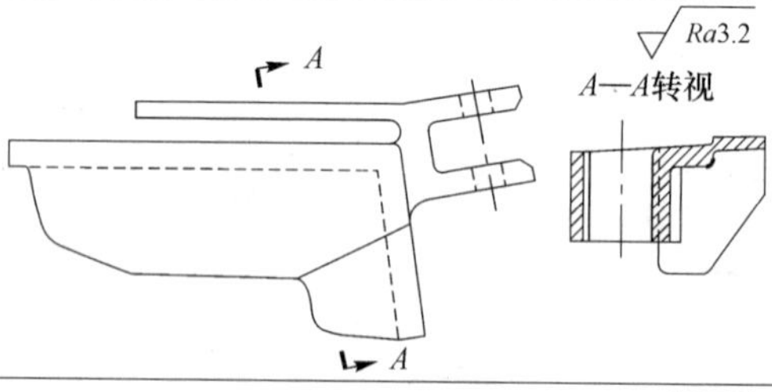	按工序图补铣内形 R,与已加工面接平	专用铣刀、铣切夹具
280	钳工	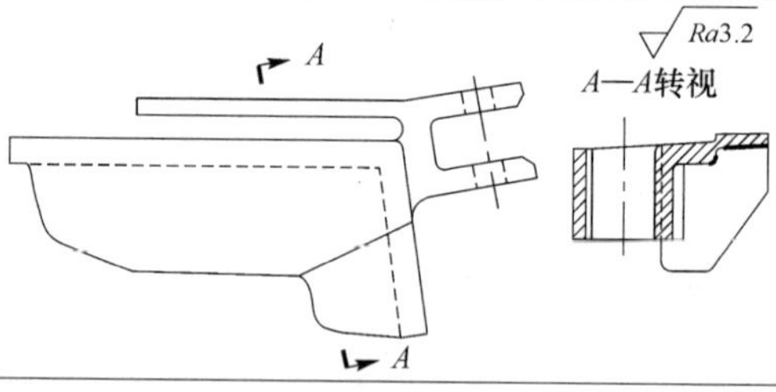	按工序图锉修内形 R;去毛刺,锐边倒 R_1;打磨 $A—A$ 剖视图所示处至 $Ra3.2$(注意壁厚)	
285	钳工	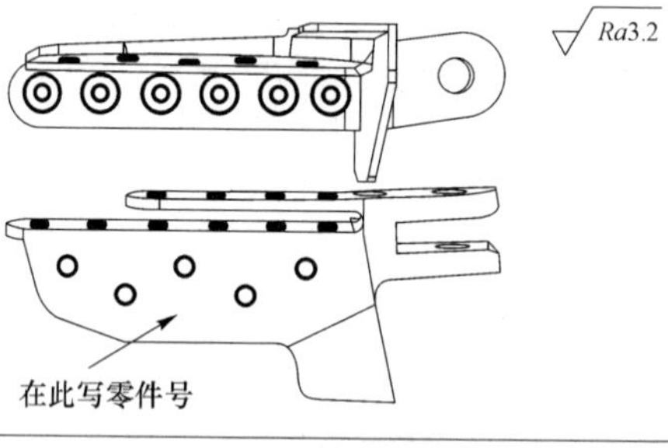	按工序图钻主视图上的六个孔、俯视图上的五个孔;并按图锪窝(在图中未示出),在图示位置写零件号	钻模、专用锪钻
290	铣工	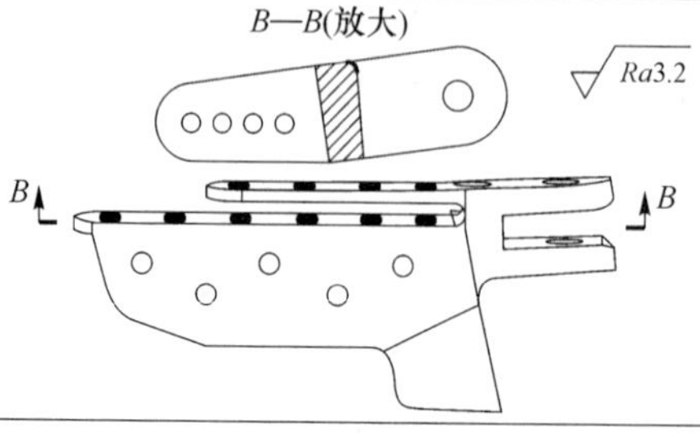	按工序图 $B—B$ 剖视图所示铣 R 部位,并与已加工面接平	专用立铣刀

续表 6-1

工序号	名 称	工序图	内 容	工 装
295	划线	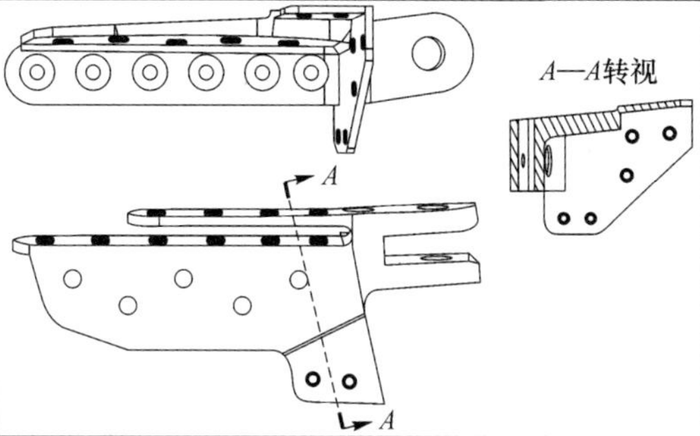	按工序图划 A—A 剖视图上的五个孔、俯视图上的两个孔的加工线	
300	钳工	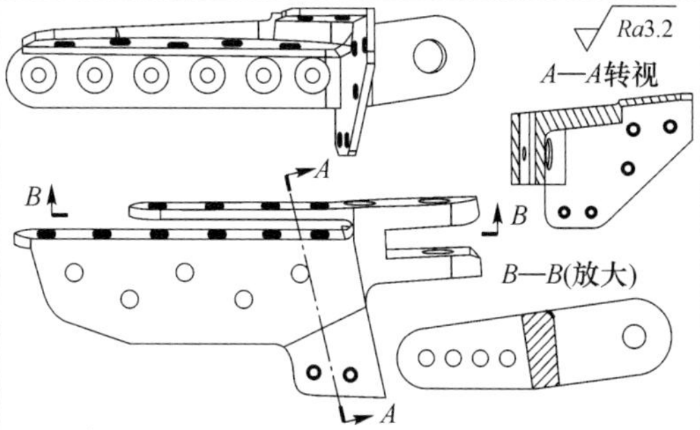	按工序图钻孔,去毛刺,打磨图中 B—B 剖视 R	反锪钻
305	钳工	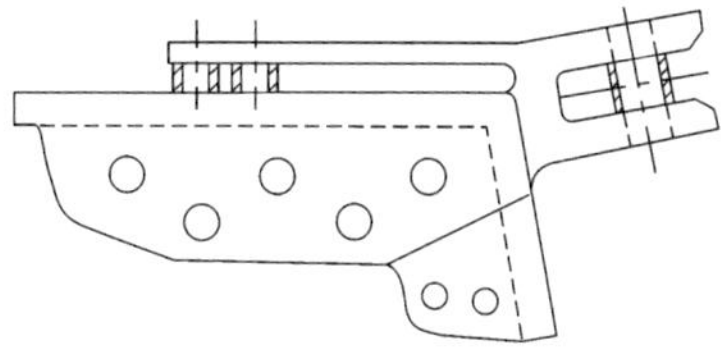	按工序图校槽变形;按槽选配工艺垫圈,配合好后一并交检	
310	半检		检查热处理所需防变形垫圈是否配齐	
315	热处理		$\sigma_b = (570 \pm 100)$ MPa,槽末端变形 $\leqslant 0.2$	
320	检验		按热处理交接状态,检验槽末端变形 $\leqslant 0.2$	
325	钳工	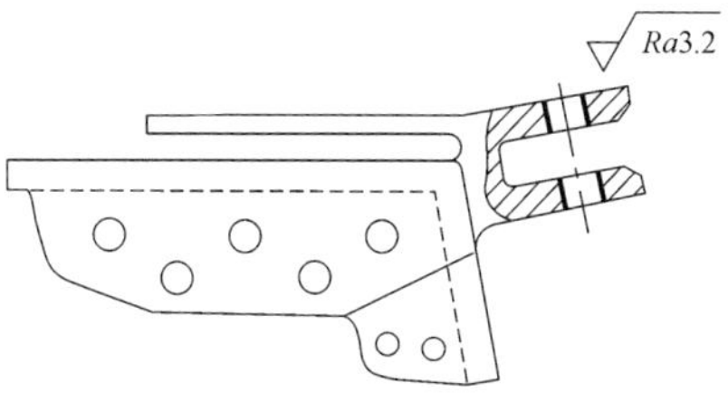	按工序图扩铰孔,孔与耳片的垂直度为 0.1	铣磨钻扩铰夹具、专用扩孔钻

续表 6-1

工序号	名称	工序图	内容	工装
330	磨工		按工序图及夹具磨槽及外侧(注意:定位面沿长度方向间隙≤0.1;压板 A 压紧不许压在悬空位置;并在夹具上检查孔与耳片的垂直度,垂直度为 0.1;压板 B 压紧可调整压紧力)	铣磨钻夹具
335	铣工		按工序图补铣此面残留处(注意:与磨削面接平;不要切伤磨削面;允许局部接不平;不要铣伤零件)	
340	钳工		按工序图锉修槽底部 R 处圆滑过渡,锉修外侧磨工未接平处与 R 圆滑过渡	
345	半检		称重:2.346 kg,按图纸检查全尺寸	
350	回火		回火并吹低压细砂	
355	磁力探伤		100%(按 10AS373)	

续表 6-1

工序号	名称	工序图	内容	工装
360	钳工		打磨磁力探伤的缺陷,注意耳片部位慎打	
365	喷丸			
370	磷化		按 10AS174	
375	涂漆		涂 H06-2-1 锌黄环氧底漆,再涂 S04-2 钢灰色磁漆并烘干	
380	钳工		用黑漆在 A 处写图号、批架次号及炉批号	
385	成检		全要素检查。注:重点检查零件上的标记是否与路线卡上的炉批号、批架次号对应	

9. 工艺过程分析

主要工序的作用及位置安排原因分析如下:

(1) 工序 0 毛检

零件加工前安排毛检工序对毛坯的尺寸、合格证、炉批号、材料牌号进行检查,将不合格毛坯消灭在加工之前。

(2) 工序 5 钳工

去除各面的毛刺,为下一工序提供平整的定位基面,在零件的指定位置打上零件号便于生产管理,打上炉批号便于零件质量跟踪。

(3) 工序 10 划线

对零件划全型线(一般情况下,一批毛坯中只划一件),检查零件的余量是否足够,若余量不够则需要借余量。划零件加工线和零件定位用的线为下一工序铣工提供定位基准、加工参考线。

(4) 工序 15、20、25 铣工

此三道工序是对工件进行的粗加工,主要是去除毛坯上模压角和排除大部分余量,为后面的划线和加工提供精定位基面。

(5) 工序 30 钳工

由于前面三道工序是铣工,加工时产生的毛刺比较大,必须安排钳工去毛刺,为下一道工序划线提供平整的定位基面。

(6) 工序 35 划线

划线工序的目的是:①作为工件加工长槽时的定位基准;②工件加工时作为加工参考。

(7) 工序 40 钳工

钻工艺孔为下一道工序铣削加工提供加工界线,同时也排除了一定余量。

(8) 工序 45~70

此段工序是对长槽的粗、精加工。

(9) 工序 45 铣工

此工序是在卧铣上用盘形铣刀来开槽,分几次走刀来完成。

(10) 工序 75~105

此段工序是对工件外形的加工。

(11) 工序 110~135

此段工序是对工件内形的加工。

(12) 工序 140~190

此段工序是底板的加工。

(13) 工序 195~225

此段工序是对头部耳片的粗、精加工。

(14) 工序 230~260

此段工序是对头部外形、孔的加工。

(15) 工序 265~280

此段工序是对内形区域的加工。

(16) 工序 285~300

此段工序是对连接孔的加工。

(17) 工序 305 钳工

此道工序是让钳工在长槽中放两个垫圈并用螺栓拧紧,在头部耳片槽中放一个垫圈并用螺栓拧紧。其目的是防止工件在热处理时发生变形。

(18) 工序 310 半检

此工序是辅助工序,因为下一道工序的工件要转到另一个车间进行热处理,所以必须安排一次检验,其目的是避免浪费、分清责任。

(19) 工序 315 热处理

热处理工序是对零件进行淬火,提高零件的机械性能。淬火的目的在于提高抗拉强度 δ_b 和屈服强度 δ_s。

(20) 工序 335 铣工

此道工序是补铣头部耳片外侧与长槽的过渡残留处。

(21) 工序 350 回火

在精加工磨削后安排一道热处理工序——低温回火,目的是消除磨削后产生的内应力,低压吹砂是清除零件表面氧化皮。

(22) 工序 355 磁力探伤

此道工序是对零件进行无损探伤检查,主要检查零件表面缺陷。如表面裂纹等。

(23) 工序 360 钳工

此道工序是打磨被磁力探伤检查后发现的表面缺陷。

(24) 工序 365 喷丸

喷丸处理是零件表面强化的一种方式。通过喷丸处理后,在零件表面产生微量塑性变形,结果使其表面产生残余压应力,目的是提高零件的疲劳强度,从而提高其承载能力。

(25) 工序 370 磷化

此道工序的主要目的是提高漆的附着力,同时也具有防锈作用。

(26) 工序 375 涂漆

涂漆的目的是防锈。

(27) 工序 380 钳工

此道工序的主要目的是便于零件的管理,打上炉批号便于零件质量跟踪。

(28) 工序 385 成检

零件加工完后,按零件图纸要求,对零件全面检查。

6.1.3 主要表面的加工方法

由图 6-2 所示的零件可以看出,其主要加工面有头部耳片槽及两侧面、头部耳片上的孔、底平面以及长槽四个部位。对于主要加工面,一般先安排粗加工去除大部分余量,再安排精加工,从而使被加工表面的精度和表面质量都比较高。

1. 头部耳片槽及两侧面的加工

头部耳片槽及两侧面包括耳片的厚度、槽的宽度和深度等部位都有较高的尺寸精度、位置精度和表面粗糙度要求,因此在加工时采用粗铣—半精铣—热处理—精加工(磨削)的手段来完成。因该零件所用材料的强度、硬度和韧性较高,同时加工余量较大,加工时切削力大,零件加工变形大,所以先粗铣再半精铣。为防止其在热处理时变形,在热处理之前根据槽的宽度选配合适的垫圈,并用螺栓固定。热处理后安排的精加工采用磨削,一方面可以提高零件的加工精度,另一方面也可以消除由热处理引起的零件变形。

2. 底平面的加工

由图 6-3 所示的装配关系可知:底平面与 1 号件相配合。又从图 6-2(a)所示的零件图可知:底平面是一个双角度平面,该平面的位置精度要求较高,是该零件的关键部位之一。因此,在加工底平面时,采用粗铣—精铣—钳工修整的加工方案。但在精铣时使用了专用角度垫板和样板来保证底平面的位置精度。

3. 头部耳片上孔的加工

头部耳片上的孔是该零件与其他零件连接的关键部位,其尺寸精度和位置精度都要求较高,因此在加工时,采用钻初孔—热处理—扩孔—铰孔的加工方法,在加工时采用专用的铣钻扩铰磨夹具来保证其孔的位置精度,而且零件在夹具上的定位基面是在前面的工序中已精加工过,从而保证零件在夹具上安装稳定、可靠,保证了平面与孔的垂直度要求。在热处理后扩铰孔前安排钳工工序精修底平面,使其平面度为 0.1。这样做的目的是在扩铰孔时使定位基面与夹具上的定位元件更好地贴合,尽量减小由于底平面的平面度误差造成的定位误差。

4. 长槽的加工

长槽是该零件加工中的一个难点,除了零件材料较难加工及加工余量较大外,槽长且深,零件相对刚性较差,加工过程中变形较大。为了保证质量,防止变形,加工长槽时采用在卧式铣床上粗铣再精铣的加工方法,并在热处理之前根据长槽的宽度选配两个合适的垫圈用螺栓固定,以防止长槽在热处理时发生变形。

6.2 套类零件

6.2.1 套类零件概述

1. 套类零件的功用与结构特点

套类零件是机械加工中经常碰到的一类零件,它的应用范围很广。例如:支承旋转轴的各种形式的轴承、夹具上的导套、内燃机上的汽缸套、液压系统中的油缸及飞机操纵系统中用于固定连接的各种套等。

套类零件常见类型如图6-5所示。

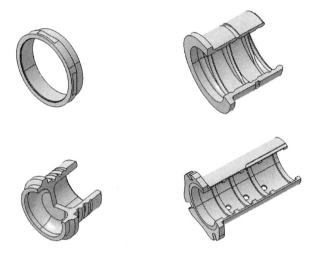

图6-5 套类零件

套类零件,通常起支承或导向作用。由于功用不同,套类零件的结构和尺寸有着很大的差别,但在结构上仍有共同的特点:零件的主要表面为同轴度要求较高的内、外旋转表面;零件的壁厚较薄易变形;零件的长度一般大于直径等。

2. 套类零件的材料

套类零件一般是用钢、铸铁、青铜或黄铜等材料制成。有些滑动轴承采用双金属结构,即用离心铸造法在钢或铸铁套的内壁上浇注巴氏合金等轴承合金材料,这样既可节省贵重的有色金属,又能提高轴承的寿命。对于一些强度和硬度要求较高的套筒(如镗床主轴套、伺服阀套),可选用优质合金钢 38CrMoAlA、18CrNiWA、30CrMoSiNi2A、QAL10-3-1.5、45钢等。

3. 套类零件的毛坯

套类零件的毛坯与其材料、结构和尺寸等因素有关。孔径较小(如 $d < 20$ mm)的套类零件一般选择热轧或冷拉棒料,也可采用实心铸件;孔径较大的套类零件常采用无缝钢管或带孔的铸件和锻件。大量生产时可采用冷挤压和粉末冶金等先进的毛坯制造工艺,既能提高生产效率,又能节约金属材料。

图6-6所示零件的材料为45号钢,毛坯棒料。

6.2.2 升降套零件加工过程设计

1. 零件的工艺分析

图 6-6 所示的零件为升降套,为了制定出合理可行的加工方案,应从以下几个方面对零件进行工艺分析。

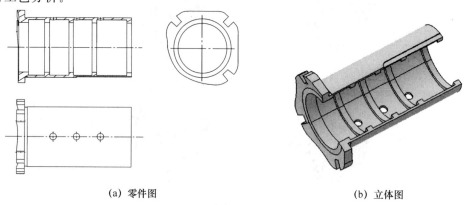

(a) 零件图　　　　　　　　　　(b) 立体图

图 6-6　升降套

(1) 零件装配关系及功用的分析

从图 6-7 可以看出:升降套的内孔与 1 号件支承筒配合,升降套的外圆与 7 号件配合,升降套的径向孔与 8 号件有配合要求,4 号件与 7 号件有配合要求,升降套只能做轴向运动以调整其轴向位置。

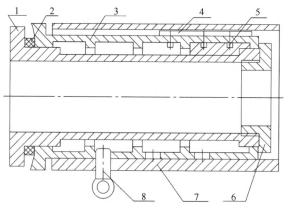

1—支承筒；2—垫圈；3—升降套；4—键；5—连接铆钉；
6—螺塞；7—支座；8—拉环组件

图 6-7　升降套零件的装配位置关系

(2) 设计基准的分析

由图 6-6 所示的升降套零件图可知,其设计基准是内孔中心线及孔的端面。

(3) 加工技术要求分析

由零件的功用及设计要求可知,该零件的主要表面为:内外圆柱表面、三个径向孔、键槽,其加工精度为 IT7～IT9,表面粗糙度 Ra 为 3.2～0.8,还有内外圆的同轴度及三个孔的位置精度等要求。其余表面为次要表面,其加工精度为 IT12～IT13,表面粗糙度 Ra 为 3.2～6.4。

2. 加工阶段的划分

套类零件的加工阶段划分为:热处理前是粗加工阶段,在粗加工阶段中又可分为粗车与半精车阶段;热处理后是精加工阶段。如图 6-6 所示的升降套零件,虽然加工精度要求不是很高,但相互之间的位置精度要求较高,壁的最薄处为 2.5 mm,其加工过程中以工序 20 热处理为界划分为粗加工和精加工两个阶段。粗加工主要是快速去除大部分余量,精加工主要保证零件的精度要求。

3. 热处理及表面处理工序的安排

(1) 热处理

该零件的热处理是正火,其目的是:①减小粗加工的应力与工件的变形;②提高工件的硬度,使其达到零件图纸要求。

(2) 表面处理

该零件的表面处理是涂漆,目的是提高零件的防锈能力。

4. 套类零件的变形

套类零件的结构特点是孔壁一般较薄(图 6-6 所示的升降套零件壁的最薄处为 2.5 mm),加工中常因夹紧力、切削力、内应力和切削热等因素的影响而产生变形。防止变形应注意以下几点:

① 为减小切削力和切削热的影响,粗、精加工应分开进行,可使粗加工产生的变形在精加工中得以消除。

② 减小夹紧力,工艺上可采取的措施为改变夹紧力方向和夹紧方式,即径向夹紧改为轴向夹紧。

③ 为减小热处理的影响,热处理工序应置于粗精加工阶段之间,以便热处理引起的变形在精加工中予以纠正。套类零件热处理后一般产生较大变形,所以精加工的工序加工余量应适当放大。

5. 零件加工工艺过程

表 6-2 所列为图 6-6 所示升降套的简化工艺过程。

表 6-2 升降套工艺过程

工序号	名称	工序图	内容	工装
10	车工	$\sqrt{Ra3.2}$	按工序图加工	
15	车工	$\sqrt{Ra3.2}$	按工序图加工	
20	热处理	正火		
25	车工	$\sqrt{Ra1.6}$	按工序图镗孔	
30	车工	其余$\sqrt{Ra6.3}$ $\sqrt{Ra1.6}$	按工序图加工	专用心轴

续表 6-2

工序号	名称	工序图	内容	工装
35	车工		按工序图车削	
40	钳工		按工序图钻三孔	拼装钻模
45	铣工		按工序图铣键槽,卡板仅测量夹具与键槽位置	铣具、卡板
50	钳工		去毛刺(保持键槽深度尺寸)	

续表 6-2

工序号	名称	工序图	内容	工装
55	划线		按工序图划端面三槽及椭圆孔位置线	样板
60	铣工		按工序图铣切端面三槽,保证尺寸要求	
65	铣工		按线及工序图铣椭圆孔,保证尺寸	
70	钳工		去铣削毛刺	

续表 6-2

工序号	名称	工序图	内容	工装
75	划线		按锉修样板及工序图划曲面线	锉修样板
80	铣工		按线及工序图粗铣曲面,留 0.2~0.3 锉修余量	
85	钳工		按锉修样板锉修曲面,锉修端面三个槽口,抛光 $Ra0.4$ 表面,尖边倒圆 $R0.5$	锉修样板
90	检验		称重:0.510 kg	
95	表面处理		表面处理:法兰	
100	终检		按图纸全面检查	

6. 工艺过程分析

主要工序的作用及位置安排原因分析如下:

① 工序 10、15 车工　零件的粗加工阶段,主要去除大部分余量,为后续加工做好准备工作。

② 工序 20 热处理　此道工序是正火,目的是:减小粗加工的应力与工件的变形;提高工件的硬度,使其达到零件图纸要求。

③ 工序 25、30 车工　先镗内孔后车外圆及端面,即工序 25 镗内孔,工序 30 车外圆。这是因为内外圆有较高的同轴度要求,所以先加工内孔,再以内孔作为定位基面,用心轴作为定位元件来加工外圆、沟槽及端面等部位,这样不但夹具结构简单,工件装夹方便,同时还能保证内外圆及其端面有较高的位置精度。

④ 工序 35、40　工序 35 车内孔中的沟槽,工序 40 是钻孔,这样安排的目的是:镗孔时切削是连续的,避免了由于断续加工带来的冲击与振动,提高了零件的加工质量;由于孔壁变薄,钻孔时深度减小了,提高了钻孔质量。

⑤ 工序 55、75 划线　为下一道铣工工序加工时作加工参考。

⑥ 工序 95 表面处理　目的是防锈。

⑦ 工序 100 终检　零件加工完成后,按照零件图要求全面检查加工后的零件。

6.2.3　主要表面的加工方法

1. 内外圆同轴度的保证

对于一些尺寸比较小的套类零件,在一次安装中完成内外圆表面及端面的全部加工。这种方法消除了工件的安装误差,所以可获得很高的相对位置精度。但是,这种方法的工序比较集中,对于尺寸较大的(尤其是长径比较大)套筒也不便安装。对于图 6-6 所示的升降套,先加工好内孔,然后以内孔为精基准面加工外圆。这种方法由于所用夹具(心轴)结构简单,且制造和安装误差小,因此可保证较高的位置精度,在套类加工中一般多采用这种方法。

2. 三个孔的位置精度

该零件上的三个径向孔,其孔距精度要求较高,为了达到加工精度要求,必须采用钻模,为了提高效率、缩短生产周期,选用拼装钻模,在钻模上对三个孔按钻—扩—铰的方案进行加工。

3. 键槽的加工

该零件上的键槽,除了尺寸精度外,其位置精度要求较高,必须使用铣床夹具才能保证加工要求,键槽加工完后要用专用测量夹具对其位置精度进行测量。

4. 轴端的三个槽及曲面的加工

该零件上轴端的三个槽及曲面要求较高,其加工方案是:按样板划线—粗铣—半精铣—钳工按样板锉修并抛光。

6.3 支架类零件

6.3.1 支架类零件概述

1. 支架类零件的功用与结构特点

在飞机的操作系统中,大量的拉杆和钢索等零件都是通过支架将其位置固定在飞机的相应部位上,支架上安装有轴、套、滑轮等零件,所以支架的作用是保持拉杆与各钢索等零件正确位置并使其协调灵活地工作。因此,支架类零件的加工质量对飞机操纵系统的寿命、可靠性及安全性都有直接的影响。常见的支架结构形式如图6-8所示。

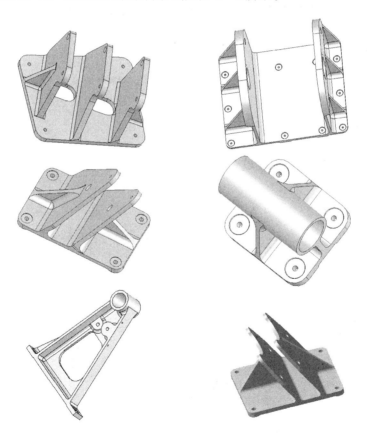

图6-8 支架类零件

由图 6-8 可见：支架类零件的结构形式虽然随着支架的功用不同而变化，但仍有许多共同的特点：零件的结构形式一般都比较复杂；零件壁厚较薄，加工时容易变形；支架上有许多孔、斜面、加强筋及圆弧等表面需要加工，在加工中要经常使用夹具、样板等工装来保证这些表面之间的相互位置；各表面虽然加工精度要求不是很高，但它们之间的位置精度要求较高，因此其协调性要求特别高，否则会影响其安装位置的正确性。因此，看似简单，但加工难度一般较大，工序较多。

2. 支架类零件的材料

根据飞机设计要求及支架的功用不同，支架类零件常用材料如下：

（1）锻造铝合金

对于一些受力较大的支架类零件，其材料一般选用锻造铝合金，如 LD5 或 LD10 等。

（2）铸造铝合金

对于一些受力不大或对其机械性能要求不高但结构复杂的零件，其材料一般选用铸造铝合金，如 ZL101、ZL205A 等。

3. 支架类零件的毛坯

零件毛坯的形式与零件的材料、结构与生产类型和生产条件密切相关，支架类零件的毛坯一般为锻件（自由锻或模锻）毛坯和铸件毛坯。图 6-8 所示的最后一个零件因其数量较少，故毛坯选择为自由锻。

6.3.2 支架零件加工过程设计

1. 零件的工艺分析

图 6-9 所示为支架零件，为了制定出合理可行的加工方案，应从以下几个方面对零件进行工艺分析。

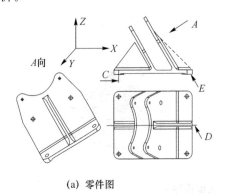

(a) 零件图　　　　　　　　　　　　　　(b) 立体图

图 6-9　支　架

(1) 零件装配关系及功用的分析

图 6-10 所示为支架零件在飞机中装配关系简图。从图中可以看出：支架 8 是通过螺栓组 2 与机翼大梁 1 相连接，支架 8 上装有滑轮组 6，滑轮上有操纵钢索 4，因此要求：支架、滑轮位置准确，滑轮转动灵活。

(2) 主设计基准的分析

分析零件主基准的目的是为合理选择工序基准服务。对图 6-9 所示的支架零件图进行分析，该零件在三个方向的主基准是：X 方向的主基准是 C 所示的中心线，Y 方向的主基准是 D 所示的对称中心线，Z 方向的主基准是 E 所示的底平面。

(3) 加工技术要求分析

分析装配图及零件图可知：该零件的主要表面是由四个凸台组成的底平面及孔、U 形斜槽及 U 形斜槽上的孔，其他表面为次要表面。

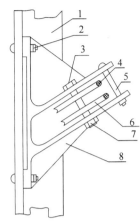

1—翼大梁；2，3，5，7—螺栓组；
4—钢索；6—滑轮组；8—支架

图 6-10 支架零件装配位置关系

主要表面的加工精度为 IT6～IT9，表面粗糙度 Ra 为 3.2～1.6，次要表面的加工精度为 IT10～IT13，表面粗糙度 Ra 为 3.2～6.3。

加工难点是：底平面上四个孔的位置精度较高、U 形斜槽过深且易变形、U 形斜槽上孔的同轴度要求高，防止零件变形是加工中的主要问题。

2. 毛坯的选择

由于零件的材料为 LD5，生产类型为单件小批生产，又根据零件的受力特点及零件的功用，因此零件的毛坯宜选用自由锻毛坯。

3. 加工阶段的划分

由于毛坯是自由锻件，加工余量大，加上零件刚性差，故如何防止零件变形是加工过程中的关键。为了防止零件变形，在加工中除了合理选择刀具、切削用量及正确安装工件外，通过划分加工阶段也能起到防止变形，达到提高精度的目的。零件先粗加工，再精加工，工件两个加工阶段中间有个"休息"时间，让工件充分变形。这样，在精加工时就能把由粗加工产生的变形在精加工时予以消除，从而提高工件的加工精度。

4. 零件加工工艺过程

表 6-3 所列为图 6-9 所示支架的简化工艺过程。

表 6-3 支架工艺过程

工序号	名称	工序图	内容	工装
5	毛检		检验零件牌号、状态、规格、合格证	
10	铣工		按工序图铣六方	
15	划线		按工序图划两面下陷及缺口加工线	
20	铣工		按工序图粗铣正面下陷及缺口	
25	铣工		按工序图精铣正面下陷及缺口	

续表 6-3

工序号	名称	工序图	内容	工装
30	铣工		按工序图粗铣反面下陷及缺口	
35	铣工		按工序图精铣反面下陷及缺口	
40	划线		按工序图划槽口、端头直面及两边斜筋的加工线和进刀孔位置线	
45	钳工		在工序图所示位置钻进刀孔	

续表 6-3

工序号	名称	工序图	内容	工装
50	铣工	$\sqrt{Ra6.3}$	按工序图粗铣槽口	
55	铣工	$\sqrt{Ra3.2}$	按工序图精铣槽口	
60	铣工	$\sqrt{Ra3.2}$	按工序图铣槽口端头直面	

续表 6-3

工序号	名 称	工序图	内 容	工 装
65	铣工		按工序图铣两端斜筋	
70	划线		按工序图划四孔位置线及两筋板外形加工线	
75	数控铣		按工序图钻四孔，保证孔距尺寸	

续表 6-3

工序号	名称	工序图	内容	工装
80	铣工		按工序图及划线粗铣两筋板外形,端头留工艺拉筋	
85	铣工		按工序图精铣两筋板外形,端头留工艺拉筋	
90	钳工		去毛刺、校正零件变形	
95	划线		按工序图划底板下陷加工线、R加工线、四孔加工线	
100	钳工		按工序图钻四孔	钻模

续表 6-3

工序号	名 称	工序图	内 容	工 装
105	铣工		按工序图铣底板下陷	
110	铣工		按工序图铣底板四角 R 外形	
115	钳工		按图纸锉所有外圆角,将零件耳片上端拉筋去掉,锉修圆滑耳片外形及厚度,并校正变形,去毛刺,锐边倒圆 R1	
120	半检		称重:1.338 kg	
125	特检		按 10AS374 进行 100% 荧光检验	
130	特检		按 10AS372 进行 100% X 光检验	
135	表面处理		铬酸阳极化(10AS287)	
140	表面处理		按 10AS19 涂钢灰色漆 H04-2	
145	钳工		在工序图 C 处写图号	
150	终检		按零件图检查零件	

5. 工艺过程分析

主要工序的作用及位置安排原因分析如下：

① 工序 5 毛检　零件加工前安排毛检工序对毛坯的尺寸、合格证、材料牌号进行检查，将不合格毛坯消灭在加工之前。

② 工序 10 铣工　因为自由锻件毛坯余量大，表面不平整，为了后续工序的方便，本工序去除大部分余量。

③ 工序 15、40、70 划线　为下一工序的铣切加工提供加工参考。

④ 工序 20、25、30、35、50、55 铣工　由于余量大，零件壁较薄，因而零件刚性较差，为了提高加工质量，所以工序 20、30、50 先粗铣缺口（或槽口），工序 25、35、55 再精铣缺口（或槽口）。

⑤ 工序 45 钳工　钻一个进刀孔，为工序 50 粗铣槽口进刀方便。

⑥ 工序 75 数控铣　加工零件上的孔 $4\times\phi4$ 和 $4\times\phi10.7$，由于孔的同轴度、孔距精度要求较高，定位基面又是一个斜面，采用普通机床加工不能保证质量，故本工序采用数控加工，不但能保证质量，而且能缩短生产周期。

⑦ 工序 80、85 铣工　工序 80 粗铣槽的外形，工序 85 精铣槽的外形。在粗铣槽口端部时留两条工艺拉筋，以提高槽的刚性，这样可以防止槽变形，提高槽的外形精度。

⑧ 工序 120 半检　称重，检查零件质量是否在设计规定的范围之内。

⑨ 工序 125 特检　荧光检查是检查零件的表面缺陷，主要是检查零件表面的划伤、裂纹等缺陷。

⑩ 工序 130 特检　X 光检查是检查零件的内部缺陷，主要是零件的内部夹渣等缺陷。

⑪ 工序 135 表面处理　铬酸阳极化主要是防锈，也可提高涂漆的附着力。

⑫ 工序 140 表面处理　涂漆的目的是提高零件抗腐蚀能力。

⑬ 工序 145 钳工　由于表面质量要求较高，所以图号不能打在零件上，要用笔写在零件上。

⑭ 工序 150 终检　零件加工完成后，按照零件图要求全面检查加工后的零件。

6.3.3　主要表面的加工方法

1. U 形斜槽的加工

U 形斜槽的长度是 135 mm，槽的宽度是 35 mm，槽的壁厚是 6 mm，槽的深度是 152 mm，从图 6-10 所示的装配位置关系图可知：槽的位置决定了滑轮的位置，虽然槽的尺寸精度要求不高；槽的位置精度要求较高；由于槽的刚性极差，结果使 U 形斜槽极易变形，导致加工精度尤其是位置精度不易保证，所以在加工中采取粗铣—精铣—钳工校正的方案；而且在粗精铣时，槽口不加工，这样不至于使零件的刚度突然降低很多，也为后面加工 U 形斜槽外形、U 形斜槽上的孔增加了刚度，提高了加工质量。

2. U 形斜槽上孔的加工

由于 U 形斜槽上孔的位置精度要求较高,加上 U 形斜槽刚性极差,孔又在斜面上,孔径又小,在一般普通机床上加工不能保证加工质量,所以孔的加工放在数控机床上来加工。这样,不但容易保证零件的加工质量,不需要专用工装,而且生产效率高。

3. 底板上孔的加工

从图 6-10 所示的装配位置关系图可知:支架是通过底板上的四个孔与 1 号件翼大梁连接的,所以四个孔的位置精度决定了支架在翼大梁上的正确位置。尽管四个孔的尺寸精度并不高,但是其位置精度要求较高,所以在加工支架底板上的孔时采用了专用钻模来保证孔的位置精度。

4. U 形斜槽外形的加工

U 形斜槽的外形并不是主要表面,但由于零件的刚性差,在加工外形时很容易使 U 形斜槽变形,从而影响 U 形斜槽的精度,因此 U 形斜槽外形的加工也是该零件加工的难点之一。U 形斜槽的外形由直线、曲线构成,U 形斜槽的刚性差,加工中极易变形,因此在加工中采用粗铣—精铣—钳工校正的手段来保证零件的加工质量。为了提高零件的加工精度,防止变形,在粗精铣时留了两条工艺拉筋,待零件全部加工完后由钳工去掉。这样,不但保证了质量,提高了效率,还消除了变形。

6.4 零件的加工特点

飞机零件数量十分巨大(波音 747 有 600 多万个零件),随着对飞机性能要求越来越高,飞机零部件的结构和外形也越来越复杂,精度要求也越来越高,而零件的刚性却越来越差。由于飞机零件一般受力复杂,对飞机的可靠性、安全性要求又高,因此从本章前面三节飞机零件的机械加工过程分析可知,飞机零件的机械加工有以下特点:

(1) 零件的毛坯类型

根据零件的受力特点、结构及材料,零件的毛坯一般选择锻件(自由锻和模锻)和铸件。但在科研和实际生产中,尽管飞机上某个零件的数量不多,有的甚至只有一件,然而从零件的功用及设计要求出发,毛坯也要选择模锻件。

(2) 加工工艺路线长

零件形状复杂:某些零件具有较深的槽腔,较薄的四壁并且有开角或闭角,使零件的定位夹紧和加工都十分困难。由于飞机零件受力大且受力复杂,一般零件刚性较差、产品质量要求高,为了保证产品质量,从前面的零件加工工艺过程分析来看,其零件的加工过程都比较长。

(3) 协调复杂

由于飞机零件的制造工艺过程长,影响产品质量的因素多,所以协调问题比较复杂,有些零件加工精度要求并不高,但协调性要求特别高。在零件的加工过程中,通常使用专用夹具、样板来保证相关零件的协调性,从而来保证零件的加工精度要求。

(4) 零件的安装难度大

由于零件结构复杂且刚性差,往往其定位基面不是一个平面,而是一个单角度、双角度或曲面,这样就对零件的安装增加了难度,有时零件某一工序的安装时间要远远大于该工序的切削加工时间。

(5) 零件在加工过程中易变形

由于某些零件结构复杂,受质量限制其壁较薄,从而使零件的刚性很差,在加工过程中极易变形,需要采用大量专用工装和校正工序来防止或减小零件的变形,以提高加工零件的精度,所以在生产实践中主要采取下列措施来防止零件变形:

① 合理划分加工阶段;
② 合理选择切削用量;
③ 合理采用专用工装;
④ 合理安排工序。

(6) 辅助工序多

零件加工过程中,辅助工序种类较多,如中间检验、特检和表面处理、称重等。

习题与思考题

6-1 划线的作用是什么?

6-2 简述普通检验安排的原则。

6-3 X光、超声波检查零件的什么缺陷?一般安排原则是什么?

6-4 磁力探伤、荧光检查零件的什么缺陷?一般安排原则是什么?

6-5 吹砂的目的是什么?

6-6 零件在涂漆前进行磷化的目的是什么?

6-7 零件喷丸处理的目的是什么?

6-8 支架类零件毛坯常用的材料有哪几种?

6-9 飞机零件的加工特点有哪些?

第 7 章 装配工艺基础知识

学习本章的目的是从保证产品质量的要求出发,分析装配工艺与机械加工工艺之间的关系,对装配精度、装配方法、装配尺寸链等基础知识有一个比较清楚的认识,具有主管产品工艺的初步能力,同时掌握制定一般产品的装配工艺过程的方法与步骤。

7.1 概　述

一部机械产品往往由成千上万个零件组成,装配就是把加工好的零件按一定的顺序和技术连接到一起,成为一部完整的机械产品,并且可靠地实现产品设计的功能。装配处于产品制造所必需的最后阶段,产品的质量(从产品设计、零件制造到产品装配)最终通过装配得到保证和检验。因此,装配是决定产品质量的关键环节。研究制定合理的装配工艺,采用有效的保证装配精度的装配方法,对保证或进一步提高产品质量有着十分重要的意义。

1. 装配的基本概念

装配过程是一个多层次的工作。图 7-1 所示为装配单元示意图。任何产品都是由若干部件、组件、合件和零件组成的。按规定的装配技术要求,将部件、组件、合件和零件进行配合和连接,使之成为半成品或成品的工艺过程称为装配。把组件、合件和零件装配成部件的过程称为部件装配或部装,而把部件、组件、合件和零件装配成为最终产品的过程称为总装配或总装。装配过程使零件、合件、组件和部件间获得一定的相互位置关系,因此装配过程也是一种工艺过程。

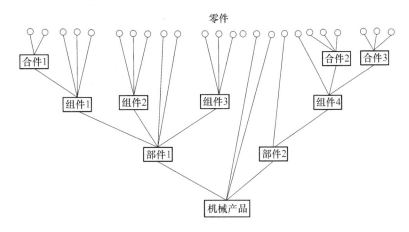

图 7-1　装配单元示意图

装配是整个机器制造工艺过程中的最后一个环节，它包括部装、总装、调整、检验和试验等工作。装配工作十分重要，对机器质量影响很大。若装配不当，即使所有机器零件加工都符合质量要求，也不一定能够生产出合格的、高质量的机器。例如，磨床头架主轴滑动轴承和主轴的加工精度都符合要求，若装配时其间隙调整得不合适，仍可能使主轴回转精度达不到要求，甚至可能由于间隙过小而产生"咬轴"现象。反之，当零件制造质量并不十分精良时，只要装配过程中采用了合适的工艺方法，也能使机器达到规定的要求。

因此，研究和制定合理的装配工艺规程，采用有效的装配方法，对于保证机器的装配精度，提高生产率和降低成本，都具有十分重要的意义。

为保证有效地进行装配工作，通常将机器划分为若干能进行独立装配的装配单元。从图 7-1 所示可以看出，装配单元的划分，可分为五级，现简单介绍如下：

① 零件　组成机器的最小单元，由整块金属或其他材料制成。

② 合件（套件）　在一个基准零件上，装上一个或若干个零件构成的、最小的装配单元。

③ 组件　在一个基准零件上，装上若干合件及零件所构成的，如主轴组件。

④ 部件　在一个基准零件上，装上若干组件、合件和零件所构成的，如车床的主轴箱。部件的特征是在机器中能完成一定的、完整的功能。

⑤ 机器　或称为产品，是由上述全部装配单元结合而成的整体。

2. 装配的基本工作内容

(1) 清　洗

清洗的主要目的是去除零件表面或部件中的油污及机械杂质。

(2) 连　接

装配中的连接方式往往有两类：可拆卸连接和不可拆卸连接。可拆卸连接是指在装配后方便拆卸而不会导致任何零件的损坏，拆卸后可方便地重装，如螺纹连接、键连接等。不可拆卸连接是指装配后一般不再拆卸，若拆卸，则往往损坏其中的某个零件，如焊接、铆接等。

(3) 调　整

调整包括校正和配作等。校正是指产品中各相关零、部件间找正相互位置，并通过适当的调整方法，达到装配精度的要求。配作是指两个零件装配后固定其相互位置的加工，如配钻、配铰，亦有为改善两零件表面结合精度的加工，如配刮、配研及配磨等。配作一般与校正、调整工作结合进行。

(4) 平　衡

平衡是指对产品中的旋转零、部件进行平衡。对转速较高和旋转平稳性要求较高的机器，如精密磨床、电动机和高速内燃机等，为了防止运转中发生振动，应对其旋转零、部件进行平衡。平衡有静平衡和动平衡两种。对于直径较大及长度较小的零件，如飞轮、带轮等，一般采用静平衡法，以消除质量分布不均所造成的静力不平衡；对于长度较大的零件，如机床主轴、电动机转子等，须采用动平衡法，以消除质量分布不均所造成的力偶不平衡。

旋转体的不平衡可用以下方法校正：
① 用补焊、铆接、粘接或螺纹连接等方法在超重处对面位置加配重。
② 用钻、锉和磨等方法在超重处去除质量。
③ 在预置的平衡槽内改变平衡块的位置和数量(砂轮静平衡常用此法)。

(5) 试验与验收

机器装配完成以后，要按照有关技术标准和规定进行试验与验收。例如，发动机须进行特性试验、寿命试验，机床须进行温升试验、振动和噪声试验等。又如，机床出厂前须进行相互位置精度和相对运动精度的验收等。对产品进行全面的检验和试验工作，合格后方准出厂。

装配工作除上述内容外，还有喷漆、包装等。

3. 装配精度及其影响因素

(1) 装配精度

装配精度是指产品装配后几何参数实际达到的精度。一般包括以下内容：

① 尺寸精度　相关零、部件间的距离精度及配合精度，如某一装配体中有关零件间的间距、相配合零件间的过盈量、卧式车床前后顶尖对床身导轨等高性等。

② 位置精度　相关零件的平行度、垂直度和同轴度等，如卧式铣床刀轴与工作台面的平行度、立式钻床主轴对工作台面的垂直度、车床主轴前后轴承的同轴度等。

③ 相对运动精度　产品中有相对运动的零、部件间在运动方向上及速度上的精度，如滚齿机滚入垂直进给运动与工作台旋转中心的平行度、车床拖板移动相对于主轴轴线的垂直度、车床进给箱的传动精度等。

④ 接触精度　产品中两配合表面、接触表面和连接表面间达到规定的接触面积大小和接触点的分布情况，如齿轮啮合、锥体配合以及导轨之间的接触精度等。

(2) 影响装配精度的因素

机械产品及其部件均由零件组成。各相关零件误差的积累将反映在装配精度上。因此，产品的装配精度首先受零件(特别是关键零件)加工精度的影响。零件间的配合与接触质量影响到整个产品的精度，尤其是刚度及抗振性，因此，提高零件间配合面的接触刚度亦有利于提高产品装配精度。另外，零件在加工和装配中的应力等所引起的变形对装配精度也会产生很大的影响。

无疑，零件精度是影响产品装配精度的首要因素。在产品装配中装配方法的选用对装配精度有很大的影响，尤其是在单件小批生产及装配要求较高时，仅采用提高零件加工精度的方法往往不经济且不易满足装配要求，因此通过装配中的选配、调整和修配等手段(合适的装配方法)来保证装配精度是非常重要的。

总之，机械产品的装配精度依靠相关零件的加工精度和合理的装配方法共同来保证。

7.2 装配尺寸链的解法

1. 装配尺寸链的概述

(1) 装配尺寸链

在机器的装配关系中,由相关零件的尺寸或相互位置关系所组成的一个封闭的尺寸系统,称为装配尺寸链。

(2) 装配尺寸链的分类

① 长度尺寸链 由长度尺寸组成,且各环尺寸相互平行的装配尺寸链。

② 角度尺寸链 由角度、平行度、垂直度等组成的装配尺寸链。

③ 平面尺寸链 由成角度关系布置的长度尺寸构成的装配尺寸链。

(3) 解装配尺寸链的步骤和方法

① 分析装配关系并建立尺寸链;

② 确定装配尺寸链的封闭环和组成环;

③ 判别组成环的增减性;

④ 解装配尺寸链。

在装配尺寸链的学习中,建立尺寸链是十分关键的步骤。只有建立的装配尺寸链是正确的,解装配尺寸链才有意义。本节主要介绍长度装配尺寸链的建立及解法。

2. 长度装配尺寸链的建立与解法

建立装配尺寸链是在完整的装配图或示意图上进行的。装配精度和相关零件精度之间的关系构成装配尺寸链。很明显最后形成的封闭环是装配精度,相关零件的设计尺寸是组成环。建立装配尺寸链就是根据封闭环——装配精度,查找组成环——相关零件的设计尺寸,并正确画出尺寸链图,判别组成环的增减性(组成环的性质)。下面通过实例来说明建立装配尺寸链的方法与解法。

图 7-2 所示为键和键槽的装配关系,就是最常见和最简单的长度装配尺寸链,装配精度就是键和键槽的配合精度——间隙 A_0 是封闭环。组成环是键尺寸 A_2 和键槽的尺寸 A_1,A_1、A_2 和 A_0 构成装配尺寸链。像这样的装配尺寸链一般能方便地从装配图上直接找到,但是复杂的多环尺寸链就不容易找到。

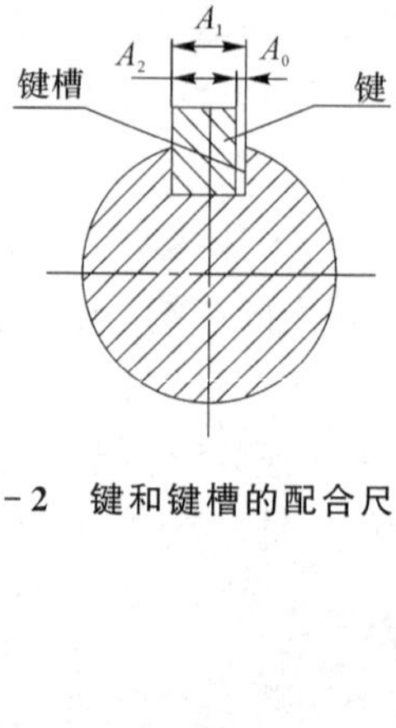

图 7-2 键和键槽的配合尺寸链

装配尺寸链的建立与解法一般按以下步骤进行：

(1) 分析装配关系并建立尺寸链

分析装配关系的目的,就是明确影响装配精度(或要求)的零、部件是哪些,这些相关零件上的哪些相关尺寸对装配要求有影响,从而为建立正确的尺寸链打下基础。建立尺寸链是从封闭环的一端出发,按顺序逐步追踪有关零件的相关尺寸,直至封闭环的另一端为止,而形成一个封闭的尺寸系统,即构成一个装配尺寸链。

(2) 确定封闭环

装配尺寸链中的封闭环与工艺尺寸链中的封闭环的定义是一样的,都是自然形成的。对装配尺寸链来说,装配要求或装配精度要求就是封闭环。

(3) 确定组成环

装配尺寸链中的组成环是相关零件的相关尺寸。所谓相关尺寸,是指该相关零件上的某设计尺寸,会引起封闭环的变化。查找的步骤是先找出相关零件,再确定相关零件上的相关尺寸。

① 查找相关零件。从封闭环两端所依的零件出发,以零件的装配基准为联系,逐个找到基准件,然后由基准件把两端封闭,其间经过的所有零件都是相关零件。

② 确定相关零件上的相关尺寸。确定相关尺寸应遵守"尺寸链环数最少"原则,使尺寸链环数最少,从而有利于保证装配精度。

(4) 判别组成环的增减性

由封闭环和所找到的组成环画出的装配尺寸链。在这个尺寸链中,用"电流法"来判别组成环的增减性:组成环中与封闭环方向一致的是减环,与封闭环方向相反的是增环。

(5) 解装配尺寸链

装配尺寸链建立好之后,即可解装配尺寸链,计算各组成环的尺寸、公差和极限偏差。解装配尺寸链主要有两种计算方法:极值法和概率法。由于解装配尺寸链与装配方法密切相关,不同的装配方法有不同的解法,所以解装配尺寸链要根据装配精度的要求、结构特点、生产类型及具体生产条件先选择合理的装配方法,再确定组成环的加工精度。前面介绍的工艺尺寸链的基本计算公式,完全适用于装配尺寸链的计算,这里不再重述,下面仅就未述及的概率解法作些说明。

用极值法解装配尺寸链时,封闭环的极限尺寸是按组成环的极限尺寸来计算的,而封闭环公差与组成环公差之间的关系是按 $\delta_F = \sum \delta_i$ 来计算的。显然,此时各零件具有完全的互换性,产品的使用要求能得到充分的保证。但是,当封闭环精度要求高,且组成环数目又较多时,由于各组成环公差大小的分配必须满足公式 $\delta_F = \sum \delta_i$ 的要求,故各组成环的公差 δ_i 必将取得很小,从而导致加工困难,制造成本增加。生产实践表明,一批零件加工时其尺寸处于公差带范围中间部分的是多数,接近极限尺寸的是极少数。至于一批部件在装配时,同一部件的各组成环恰好都是接近极值尺寸的情况就更为罕见。这时,如按极值法计算零件尺寸公差,则显然是不合理的,而按概率法来进行计算,就能扩大零件公差,且便于加工。

装配尺寸链的组成环是有关零件的加工尺寸或相对位置精度,显然,各零件加工尺寸的数值是彼此独立的随机变量,因此作为组成环合成量的封闭环的数值也是一个随机变量。由概率论可知,在分析随机变量时,必须了解其误差分布曲线的性质和分散范围的大小,同时还应了解误差聚集中心的分布位置(即算术平均值)。

1) 各环公差值的计算

由概率论可知,各独立随机变量(装配尺寸链的组成环)的均方根偏差 σ_i 与这些随机变量之和(装配尺寸链的封闭环)的均方根偏差 σ_F 之间的关系为

$$\sigma_F = \sqrt{\sum \sigma_i^2} \tag{7-1}$$

但由于求解尺寸链时,是以误差量或公差量之间的关系来计算的,所以,上述公式还需要转化成所需要的形式。由概率论可知:

当零件加工尺寸为正态分布曲线时,其尺寸误差分散范围 ω_i 与均方根偏差 σ_i 间的关系为

$$\omega_i = 6\sigma_i \quad \text{即} \quad \sigma_i = \frac{1}{6}\omega_i$$

当零件尺寸分布不为正态分布时,需要引入一个相对分布系数 k_i,因此为

$$\sigma_i = \frac{1}{6} k_i \omega_i$$

相对分布系数 k_i 表明了所研究的尺寸分布曲线的不同分散性质(即曲线的不同形状),并取正态分布曲线作为比较的依据(正态分布曲线的 k_i 值为1),各种 k_i 的值可查有关手册。

此外,在误差量 ω_i 恰好等于公差值 δ_i 的条件下,就能得到尺寸链计算的一个常用公式:

$$\sigma_F = \sqrt{\sum k_i^2 \sigma_i^2} \tag{7-2}$$

只有在各组成环都是正态分布的情况下,才有

$$\sigma_F = \sqrt{\sum \sigma_i^2} \tag{7-3}$$

又若各组成环公差相等,即令 $\delta_i = \delta_M$ 时,则可得各平均公差 δ_M 为

$$\delta_M = \frac{\delta_F}{\sqrt{n-1}} = \frac{\sqrt{n-1}}{n-1} \delta_F$$

式中:n 为包括封闭环在内的尺寸链总环数。

显然,与用极值法求得的结果比较,概率法可将各组成环平均公差扩大 $\sqrt{n-1}$ 倍。但实际上,由于各组成环的尺寸分布不一定按正态分布,即 k_i 的值大于1,所以实际上扩大的倍数小

于 $\sqrt{n-1}$。

用概率法之所以能扩大公差,是因为所确定封闭环正态分布曲线的尺寸分散范围为 $\omega_F = \sigma_F$,而这时部件装配后在 $\delta_F = 6\sigma_F$ 范围内的数量可占总数的 99.73%,只有 0.27% 的部件装配后不合格,这样做在生产上仍是经济的。因此,这个不合格率常常可忽略不计,只有在必要时通过调换个别组件或零件来解决废品问题。

2) 各环算术平均值的计算

根据概率论,封闭环的算术平均值 $\overline{F}$ 等于各组成环算术平均 $\overline{A}_i$ 的代数和,即

$$\overline{F} = \sum_{i=1}^{m} \overrightarrow{\overline{A}}_i - \sum_{i=m+1}^{n-1} \overleftarrow{\overline{A}}_i \tag{7-4}$$

当各组成环的尺寸分布曲线均属于对称分布,而且分布中心与公差带中心重合(见图 7-3)时,算术平均值 $\overline{A}$(或 $\overline{F}$)即等于平均尺寸 A_M(或 F_M),于是

$$F_M = \sum_{i=1}^{m} \overrightarrow{A}_{iM} - \sum_{i=m+1}^{n-1} \overleftarrow{A}_{iM} \tag{7-5}$$

相应地,在以平均偏差 $B_M A$ 和 $B_M F$ 来计算时同样有

$$B_M F = \sum_{i=1}^{m} B_M \overrightarrow{A}_i - \sum_{i=m+1}^{n-1} B_M \overleftarrow{A}_i \tag{7-6}$$

此时的计算公式与极值解法时所用相应计算公式完全一致。

当组成环的尺寸分布属于非对称分布时,算术平均值 $\overline{A}$ 相对于公差带中心的尺寸即平均尺寸 A_M 就有一偏移量,此时偏移量可用 $\alpha \cdot \dfrac{\delta}{2}$ 表示(见图 7-4)。这时

$$\overline{A} = A_M + \frac{1}{2}\alpha \cdot \delta = A + B_M A + \frac{1}{2}\alpha \cdot \delta$$

显然,在 δ 为定值的条件下,偏移量越大,α 也越大。α 可用来说明尺寸分布的不对称程度。因此,α 即称为相对不对称系数,一些尺寸分布曲线的 α 值可参考有关手册。

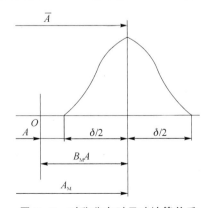

图 7-3 对称分布时尺寸计算关系

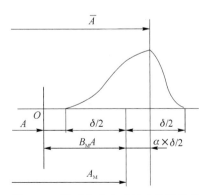

图 7-4 不对称分布时尺寸计算关系

此时,式(7-5)为

$$F_{\mathrm{M}} = \sum_{i=1}^{m}\left(\vec{A}_{i\mathrm{M}} + \frac{1}{2}\alpha_i\vec{\delta}_i\right) - \sum_{i=m+1}^{n-1}\left(\vec{A}_{i\mathrm{M}} + \frac{1}{2}\alpha_i\vec{\delta}_i\right) \qquad (7-7)$$

当封闭环为正态分布,并以平均偏差 $B_{\mathrm{M}}A$ 和 $B_{\mathrm{M}}F$ 来计算时,也相应地有

$$B_{\mathrm{M}}F = \sum_{i=1}^{m}\left(B_{\mathrm{M}}\vec{A}_i + \frac{1}{2}\alpha_i\vec{\delta}_i\right) - \sum_{i=m+1}^{n-1}\left(B_{\mathrm{M}}\vec{A}_i + \frac{1}{2}\alpha_i\vec{\delta}_i\right) \qquad (7-8)$$

3) 概率解法时的近似估算法

对概率解法进行准确计算时,需要知道各组成环的误差分布情况(如 δ_i、k_i、α_i 值)。如有资料,便可据之进行准确计算。而在通常缺乏这些资料或不能预先确定零件的加工条件时,便只能假定一些 k_i 及 α_i 值进行近似估算。

这一方法是以不考虑各环的尺寸分布曲线是否对称分布于公差值的全部范围内,而取 $\omega_i = \delta_i$ 及 $\alpha_i = 0$ 为前提,并取一共同的相对分布系数平均值 k_{M} 来近似估算的。至于 k_{M} 的具体数值,有的资料建议在 1.2~1.7 范围内选取;有的资料则在一定统计试验的基础上,建议采用 $k_{\mathrm{M}} = 1.5$ 的经验数据来估算。

这样,整个计算只用到下面两个简化公式:

$$\delta_{\mathrm{F}} = k_{\mathrm{M}}\sqrt{\sum\delta_i^2} \qquad (7-9)$$

$$B_{\mathrm{M}}F = \sum_{i=1}^{m}B_{\mathrm{M}}\vec{A}_i - \sum_{i=m+1}^{n-1}B_{\mathrm{M}}\vec{A}_i \qquad (7-10)$$

但必须指出,当采用概率法进行近似估算时,要求尺寸链中组成环的数目不能太少。例如,当以 $k_{\mathrm{M}} = 1.5$ 来计算时,如组成环的数目为 2 个,所求得的 δ_{F} 值会比按极值法求得的大,显然,这时的近似计算是没有意义的;在组成环的数目为 3 个时,要求各组成环公差值不能相差太大,环数越多(一般 $n \geq 5$),则无此限制条件。

在计算出有关环的平均尺寸 A_{M} (或 F_{M}) 和公差值 δ_i (或 δ_{F}) 后,各环的公差应对平均尺寸标注成双向对称分布,然后根据需要,可再改注成其他形式。

下面通过一个实例来说明装配尺寸链的建立及解法。

例 7-1 图 7-5 所示为 CA6140 车床主轴法兰盘装配结构简图,根据技术要求,主轴前端法兰盘与主轴箱端面间保持 0.38~0.95 mm 的间隙,试确定影响装配精度的相关零件上的尺寸,并求出相关尺寸的上、下偏差。

解

1) 分析装配关系并建立尺寸链

由图 7-5 所示的主轴前支承结构简图可知:影响装配精度(装配要求,即 $A_0 = 0.38$~0.95 mm)的相关零件是 1、2、3、4 和 5 号件,其相关尺寸为 A_1、A_2、A_3、A_4、A_5,其中 1、4 号为标准件,其尺寸(由相关手册查得)为 $A_3 = 25_{-0.12}$,$A_4 = 41_{-0.12}$;已知 A_1 的基本尺寸为 94,A_2 的基本尺寸为 24,A_5 的基本尺寸为 4。经过分析建立装配尺寸链如图 7-6 所示。

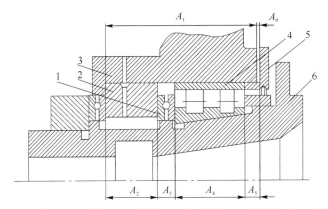

1—推力轴承；2—支承；3—主轴箱；4—向心轴承；5—法兰盘；6—主轴

图 7-5 主轴前支承结构简图

图 7-6 主轴前支承结构装配尺寸链

2）确定封闭环

由图 7-5 所示的装配关系和装配要求可知：A_0 是封闭环（装配精度或装配要求）。

3）确定组成环

由图 7-6 可知：A_1、A_2、A_3、A_4、A_5 为组成环。

4）判别组成环的增减性

由图 7-6 可知：A_1 与封闭环方向相同，所以是减环；A_2、A_3、A_4、A_5 与封闭环的方向相反，故为增环。

5）解装配尺寸链

假定各组成环尺寸按正态分布（$k_i=1$）且分布中心与公差带中心重合（$\alpha_i=0$），估计各组成环的平均公差为

$$\delta_M = \frac{0.95-0.38}{\sqrt{5}} = \frac{0.57}{\sqrt{5}} = 0.255 \text{ mm}$$

按加工难易程度分配各组成环的公差，并留出 A_5 作为协调环，则 $\delta_1=0.4$ mm，$\delta_2=0.2$ mm，$\delta_3=\delta_4=0.12$ mm。

① 确定协调环公差（δ_5）。由式（7-9）可知：

$$\delta_5 = \sqrt{\delta_F^2 - \delta_1^2 - \delta_2^2 - \delta_3^2 - \delta_4^2} = \sqrt{0.57^2 - 0.4^2 - 0.2^2 - 0.12^2 - 0.12^2} = 0.31$$

按"入体原则"确定各环尺寸为 $A_1 = 94^{+0.4}, A_2 = 24_{-0.12}, A_3 = 25_{-0.12}, A_4 = 41_{-0.12}$。

② 求协调环尺寸及上、下偏差。先将各环化作平均尺寸：$A_0 = 0^{+0.95}_{+0.38} = 0.665 \pm 0.285$，$A_1 = 94^{+0.4} = 94.2 \pm 0.2, A_2 = 24_{-0.2} = 23.9 \pm 0.1, A_3 = 25_{-0.12} = 24.94 \pm 0.06, A_4 = 42_{-0.12} = 40.94 \pm 0.06$。

由
$$A_{0g} = A_{2g} + A_{3g} + A_{4g} + A_{5g} - A_{1g}$$
$$0.665 = 23.9 + 24.94 + 40.94 + A_{5g} - 94.2$$

得 $A_{5g} = 5.085$，故

$$A_5 = 5.085 \pm \frac{\delta_4}{2} = 5.085 \pm \frac{0.31}{2} = 5.085 \pm 0.155$$

即 $A_5 = 5^{+0.24}_{-0.07}$。

因此，各环尺寸为 $A_1 = 94^{+0.4}, A_2 = 24_{-0.12}, A_3 = 25_{-0.12}, A_4 = 41_{-0.12}, A_5 = 5^{+0.24}_{-0.07}$。

7.3 保证装配精度的方法

在机械制造中，常用保证装配精度的方法有：互换装配法、分组装配法、修配装配法和调整装配法四大类，现分述如下。

7.3.1 互换装配法

采用互换装配法（简称互换法）装配时，被装配的每一个零件都不需作任何挑选和修配就能达到规定的装配精度要求。用互换法装配，其装配精度主要取决于零件的制造精度。根据零件的互换程度不同，互换装配法可分为完全互换装配法和部分互换装配法两种。

1. 完全互换装配法

（1）概　念

在全部产品中，装配时各组成零件不需挑选或不需改变其大小或位置，装配后即能达到装配精度要求的装配方法，称为完全互换装配法。

（2）尺寸链的计算

选择完全互换装配法时采用极值法来计算尺寸链。为了保证装配精度的要求，封闭环的公差小于或等于所有组成环公差之和。尺寸链的计算方法与前面讲的工艺尺寸计算一样。在此不再赘述。

当遇到反计算时，各组成环公差的分配应按下列原则进行：

① "等公差"原则　各组成环的公差相等。

② "等精度"原则　使各组成环按同一精度等级来制造,再按尺寸查出各组成环的公差值,最后仍需适当调整各组成环的公差,由于计算比较复杂,计算后仍要进行调整,故用得不多。

③ "实际加工"原则　先求出各组成环的平均公差,再根据生产经验,考虑各组成环尺寸的大小和加工难易程度进行适当调整。一般考虑以下因素:

➤ 孔比轴难加工,孔的公差应比轴的公差选择大一些,例如孔、轴配合 H7/h6。

➤ 尺寸大的零件比尺寸小的零件难加工,大尺寸零件的公差取大一些。

➤ 组成环是标准件时,其公差值是确定值,可按相关标准确定。

各组成环的公差确定之后,按入体原则确定其极限偏差,即孔的尺寸按基孔制确定其极限偏差:下偏差为 0。轴的尺寸按基轴制确定其极限偏差:上偏差为 0。非孔非轴的偏差按对称标注。

但是,当各组成环都按上述原则确定偏差时,按公式计算的封闭环极限偏差常不符合封闭环的要求值。因此,需要取一个组成环,它的极限偏差不能事先定好,而要经过计算才能确定,以便与其他组成环相协调,最后满足封闭环极限偏差的要求,这个组成环称为协调环。一般协调环不能取标准件或几个尺寸链的公共组成环。

(3) 完全互换法的特点

① 优点:装配质量稳定可靠(是靠零件的加工精度来保证的);装配过程简单,装配效率高(零件不需挑选,不需修);易于实现自动装配,便于组织流水作业;产品维修方便。

② 不足之处:当装配精度要求较高,尤其是在组成环数目较多时,组成环的制造公差较小,零件制造困难,加工成本高。

(4) 应　用

完全互换装配法适用于成批、大量生产中,装配那些组成环数目较少或组成环数目虽多,但装配精度要求不高的产品或部件。如成批、大量生产汽车、拖拉机、缝纫机和自行车等产品时,大多采用完全互换装配法。

用完全互换法装配,装配过程虽然简单,但它是根据增环、减环同时出现极值情况来建立封闭环与组成环之间的尺寸关系的,由于各组成环分得的制造公差过小,因而常使零件加工产生困难。完全互换法以提高零件加工精度为代价来换取完全互换装配有时是不经济的。

2. 部分互换装配法

(1) 概　念

部分互换装配法是指绝大多数产品中,装配时的各组成环不需要挑选或改变其大小或位置,装入后即能满足封闭环的公差要求。其实质是将组成环的制造公差适当放大,使零件容易加工,但这会使极少数产品的装配精度超出规定要求,但这种事件是小概率事件,很少发生。

尤其是组成环数目较多,产品批量大,从总的经济效果分析,仍然是经济可行的。

(2) 尺寸链的计算

部分互换装配法的尺寸链采用概率法来解,具体方法见7.2节。

(3) 部分互换法的特点

部分互换法的特点与完全互换法的特点相似,只是互换的程度不同。由于部分互换法采用的是概率法来解尺寸链,扩大了组成环的制造公差,零件制造成本低;装配过程简单,生产效率高。不足之处是:装配后有极少数产品达不到规定的装配精度要求,须采取另外的返修措施。只有在放大组成环公差所得到的经济效果超过为避免超差所采取的工艺措施的代价后,才可能采用部分互换法。

(4) 应　用

部分互换装配法适用于生产节拍不是很严格的成批生产中,装配那些装配精度要求较高且组成环数目又多的产品或部件。

7.3.2　选择装配法

选择装配法是将尺寸链中组成环的公差放大到经济可行的程度,然后选择合适的零件进行装配,以保证规定装配精度要求的装配方法,简称选配法。

选配法根据实际选择方式不同,其形式可分为分组选配法、直接选配法、复合选配法三种。

1. 分组选配法

(1) 概　念

7.3.1小节中所介绍的两种互换装配法达到封闭环公差的要求,是靠控制各组成环的公差来保证的。当封闭环的公差要求很严时,采用互换法只会使组成环的加工很难或不经济。为此,当尺寸链环数目不多时,可采用分组装配法。分组装配法就是将各组成环的公差相对完全互换法所求数值放大数倍,使其能按经济精度加工,再按实际测量尺寸将零件分组,按对应的组分别进行装配,以达到装配精度的要求。由于分组装配法中,同组零件具有互换性,故又称为分组互换法或分组法。

(2) 尺寸链的计算

分组装配法是采用极值法来解装配尺寸链。现以图7-7所示某活塞上的孔与活塞销的装配关系为例来说明分组装配法的计算方法。

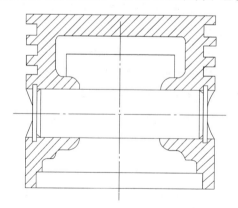

图7-7　活塞孔与活塞销装配图

活塞上的孔与活塞销的装配要求是在冷态下装配时有 0.002 5～0.007 5 mm 的过盈量,基本尺寸为 $\phi 28$。因此,封闭环的公差为 0.005 0 mm。

若采用完全互换装配,则销和销孔的平均公差为 0.002 5 mm(其公差等级为 IT2),显然制造这样的销和销孔既困难又不经济。

在实际生产中,常采用分组装配法。先将销和销孔的公差在同方向上都放大 4 倍,由 0.002 5 mm 放大到 0.010 mm,即

活塞销 $\qquad h = \phi 28_{-0.01}$

活塞销孔 $\qquad H = \phi 28_{-0.015}^{-0.005}$

这样,销和销孔的加工就会比较容易。在销和销孔加工完成后,用精密仪器测量其尺寸,并按尺寸大小分成四组,涂上不同的颜色加以区别,或装入不同的容器内,再按各对应组进行装配,装配后仍能保证装配精度的要求。具体分组情况如表 7-1 所列。图 7-8 所示为尺寸分组公差带图。

表 7-1 活塞销和活塞销孔的分组尺寸

组 别	活塞销直径	活塞孔直径	配合情况		标志颜色
			最小过盈	最大过盈	
Ⅰ	$\phi 28_{-0.0025}$	$\phi 28_{-0.0075}^{-0.0050}$	-0.002 5	-0.007 5	浅蓝
Ⅱ	$\phi 28_{-0.0050}^{-0.0025}$	$\phi 28_{-0.0100}^{-0.0075}$			红
Ⅲ	$\phi 28_{-0.0075}^{-0.0050}$	$\phi 28_{-0.0125}^{-0.0100}$			白
Ⅳ	$\phi 28_{-0.0100}^{-0.0075}$	$\phi 28_{-0.0150}^{-0.0125}$			黑

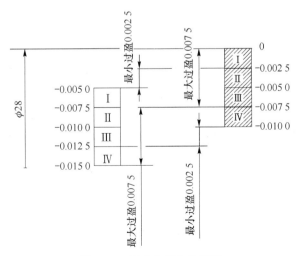

图 7-8 尺寸分组公差带图

正确采用分组装配法的关键,是保证分组后各对应组的配合性质和配合公差满足设计要求。同时,对应组内相配件的数量要配套。为此,应满足以下条件:

① 配合件的公差应相等,公差要同方向增大,增大的倍数应等于分组数。从图7-8可知本实例满足要求。

② 由于装配精度取决于分组公差,故配合件的表面粗糙度和形状公差均需与分组公差相适应,不能随尺寸公差的增大而放大。表面粗糙度和形状公差一般应小于分组公差的50%。因此,分组法的组数不能任意增加,它受零件表面粗糙度和形状公差的限制。

③ 为保证对应组内相配零件的数量配套,相配件的尺寸分布应相同,否则将产生剩余零件。为此,在实际生产中常常专门生产一些与剩余零件配套的零件,以解决积压剩余件问题。

④ 采用分组法装配时,零件的分组数不宜太多,否则会因零件测量、分类、保管和运输等工作量的增大而使生产组织工作变得相当复杂。

(3) 分组装配法的特点

分组装配法虽然使零件的制造精度不高,但可获得很高的装配精度;组内零件可以互换,装配效率高。不足之处是:增加了零件测量、分组、存储和运输的工作量。

(4) 应 用

分组装配法适用于在大批大量生产中装配那些组成环数目少而装配精度又要求特别高的机器部件。

2. 直接选配法

(1) 概　念

在装配时,工人从许多待装配的零件中,直接选择合适的零件进行装配,以保证装配精度要求的选择装配法,称为直接选配法。

(2) 特　点

① 装配精度较高。

② 装配时凭经验和判断性测量来选择零件,装配时间不易准确控制。

③ 装配精度在很大程度上取决于工人的技术水平。

(3) 应　用

这种方法常用于装配精度要求较高、产量不大或生产节拍要求不很严格的成批生产中。

3. 复合选配法

(1) 概　念

复合选配法是分组装配法和直接选择装配法的复合形式。它是先将各组成环公差相对于互换法所求之值增大,零件加工后预先测量、分组,然后装配时工人将在各对应组内进行直接选择装配的装配方法。

(2) 特　点

这种装配方法吸取了前两种装配方法的特点,既能提高装配精度,又不必过多增加分组数。但是,装配精度仍然取决于操作者的技术水平,装配周期不稳定。

(3) 应　用

复合选配法常用于相配件公差不等时,作为分组装配法的一种补充形式。如发动机中的汽缸与活塞的装配就是采用本方法。

7.3.3　修配装配法

1. 概　念

修配装配法是将装配尺寸链中各组成环按经济加工精度制造,装配时,通过改变尺寸链中某一预先确定的组成环尺寸的方法来保证装配精度的装配方法,简称修配法。

采用修配装配法时,各组成环均按该生产条件下经济精度来加工,装配时封闭环所积累的误差,势必会超出规定的装配精度要求;为了达到规定的装配精度,装配时须修配装配尺寸链中某一组成环的尺寸(此组成环称为修配环)。为减少修配工作量,应选择那些便于进行修配的组成环作为修配环。在采用修配法装配时,要求修配环必须留有足够但又不是太大的修配量。

2. 选择修配环和确定修配环尺寸及偏差

采用修配法的关键是正确选择修配环,并确定修配环尺寸及偏差。

(1) 选择修配环

修配法中除了决定修配环的实际尺寸外,选择修配环也是一个重要方面,一般说来有以下原则：

① 应选易于修配加工且拆装容易的零件作为修配环。一般选择形状简单、修配面较小的零件。

② 不应选择具有公共环的零件作为修配环。因为公共环难以同时满足几个装配要求,所以应选择只与一项装配精度有关的环。

(2) 确定修配环尺寸及偏差

确定修配环尺寸及偏差的出发点,是要保证修配时的修配量足够和最小。为此,首先要了解修配件被修配时,对封闭环的影响是增大还是减小,不同的影响有不同的计算方法。

① 修配环被修配时,封闭环尺寸变大的情况,简称为"越修越大"。

此时,为了保证修配环的修配量足够和最小,放大组成环以后实际封闭环的公差带和设计要求封闭环的公差带之间的相对关系如图 7-9 所示。为了使装配过程中能通过修配环的修配来满足装配要求,就必须使装配后所得封闭环的实际最大尺寸 $L'_{F\max}$ 在任何情况下都不能大于规定的封闭环的最大值 $L_{F\max}$,为使修配量最小,应满足 $L'_{F\max}=L_{F\max}$。根据这一关系,修配环被修配,封闭环变大时的计算关系式为

$$L'_{F\max}=L_{F\max}=\sum_{i=1}^{m}\vec{A}_{i\max}-\sum_{i=m+1}^{n-1}\vec{A}_{i\min} \qquad (7-11)$$

② 修配环被修配时,封闭环尺寸变小的情况,简称为"越修越小"。

此时,为了保证修配件的修配量足够和最小,放大组成环以后实际封闭环的公差带和设计要求封闭环的公差带之间的相对关系如图 7-10 所示。为了使装配过程中能通过修配环来满足装配要求,就必须使装配后所得封闭环的实际最小尺寸 $L'_{F\min}$ 在任何情况下都不能小于规定的封闭环的最小值 $L_{F\min}$,为使修配量最小,应使 $L'_{F\min}=L_{F\min}$。根据这一关系,修配环被修配,封闭环变小时的计算关系式为

$$L'_{F\min}=L_{F\min}=\sum_{i=1}^{m}\vec{A}_{i\min}-\sum_{i=m+1}^{n-1}\vec{A}_{i\max} \qquad (7-12)$$

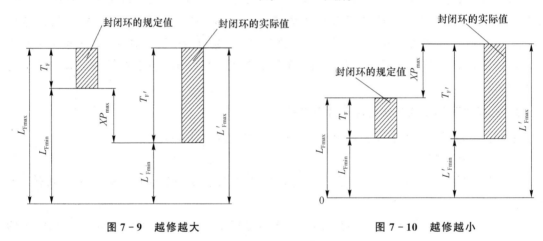

图 7-9　越修越大　　　　　　　　图 7-10　越修越小

"越修越大"和"越修越小"分别满足式(7-11)和式(7-12)时,其最大修配量 $XP_{F\max}$ 为

$$XP_{F\max}=T'_F-T_F=\sum_{i=1}^{m}T_i-T_F \qquad (7-13)$$

在已知各组成环放大后的公差,并按入体原则确定组成环的极限偏差后,就可按式(7-11)或式(7-12)求出修配环的某一极限尺寸,再由已知的修配环公差求出修配环的另一极限尺寸。

3. 尺寸链的计算

修配法是采用极值法来解装配尺寸链的。下面通过两个实例来说明采用修配法时尺寸链

的计算方法和步骤。

例 7-2 在图 7-11 所示的箱体中,为了保证齿轮回转时和箱壁的间隙,选用修配法进行装配,要求间隙为 0.1~0.2 mm,已知 $A_1=50$ mm,$A_2=45$ mm,$A_3=5$ mm。

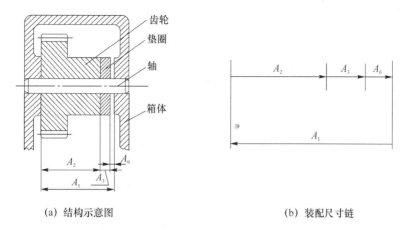

(a) 结构示意图　　　　　　　　(b) 装配尺寸链

图 7-11　箱体齿轮装配关系示意图

解

1) 确定各组成环公差

从各环的加工难易程度不同和封闭环的要求考虑,取 $A_1=50^{+0.38}_{+0.13}$,$A_2=45_{-0.16}$,$T_3=0.12$。

2) 选择修配环

用垫圈作为修配环最方便。

3) 确定修配环的基本尺寸

在图 7-11(b) 所示的装配尺寸链中,尺寸 A_0 是装配要求的间隙,所以是封闭环,A_1 是增环,A_2 和 A_3 是减环。经分析,当修配 2 号件时,修配环的修配使封闭环(间隙)尺寸越来越大,属于"越修越大"的情况。根据公式(7-11)可知:

$$L'_{F\max}=L_{F\max}=\sum_{i=1}^{m}\vec{A}_{i\max}-\sum_{i=m+1}^{n-1}\vec{A}_{i\min}$$

则因为

$$0.2=50.38-44.84-A_{3\min}$$

所以 $A_{3\min}=5.34$。

又因为 $T_3=0.12$,所以

$$A_{3\max}=A_{3\min}+T_3=5.34+0.12=5.46$$

故 $A_3=5^{+0.46}_{+0.34}$。

4) 修配量的计算

由公式(7-13)可知：

最大修配量为
$$XP_{F\max} = T'_F - T_F = (0.25 + 0.16 + 0.12)\,\text{mm} - 0.1\,\text{mm} = 0.43\,\text{mm}$$

最小修配量为
$$XP_{F\min} = 0$$

由于垫圈粗糙度容易保证，不需要刮研量，尺寸 A_3 不必再增加。

例 7-3 图 7-12 所示为卧式车床床头和尾座顶尖等高要求为 0～0.06 mm（只允许尾座高）的结构示意图。已知 $A_1 = 202$ mm，$A_2 = 46$ mm，$A_3 = 156$ mm。若按完全互换法，用极值法来计算，则各组成环的平均公差为

$$T_M = \frac{T_F}{m} = \frac{0.06}{3} = 0.02$$

显然，由于组成环的平均公差太小，加工困难，因此不宜采用完全互换法。现采用修配法，试确定各组成环和修配环的尺寸及公差。

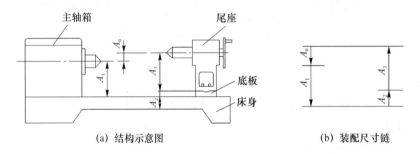

图 7-12 卧式车床床头和尾座顶尖等高要求示意图

解

1) 确定各组成环公差

从各环的加工难易程度不同和封闭环的要求考虑，取 $A_1 = 202 \pm 0.05$，$A_3 = 156 \pm 0.05$，$T_2 = 0.15$。

2) 选择修配环

选择 3 号件底板作为修配环最为方便。

3) 修配环基本尺寸的确定

在图 7-12(b)所示的装配尺寸链中，尺寸 A_0 是装配要求的间隙，所以是封闭环，A_1 是减环，A_2 和 A_3 是增环。经分析，当修配 3 号件时，修配环的修配使封闭环尺寸越来越小，属于"越修越小"的情况。根据式(7-12)可知：

$$L'_{F\min} = L_{F\min} = \sum_{i=1}^{m}\vec{A}_{i\min} - \sum_{i=m+1}^{n-1}\vec{A}_{i\max}$$

则因为

$$0 = A_{2\min} + 155.95 - 202.05$$

所以 $A_{2\min} = 46.1$。

又因为 $T_2 = 0.15$，所以

$$A_{2\max} = A_{2\min} + T_3 = 46.1 + 0.15 = 46.25$$

故 $A_2 = 46^{+0.25}_{+0.1}$。

4) 修配量的计算

由式(7-13)可知：

最大修配量为

$$XP_{F\max} = T'_F - T_F = (0.1 + 0.1 + 0.15) \text{ mm} - 0.06 \text{ mm} = 0.29 \text{ mm}$$

最小修配量为

$$XP_{F\min} = 0$$

由计算可知：最小修配量为零，就不符合装配要求。但在实际生产中，为了提高接触精度还应考虑底板底面在总装时有一定的刮研量。所以，必须将 A_2 尺寸加大，对底板而言，最小刮研量为 0.1 mm，故 A_2 应加大 0.1 mm，即 $A_2 = 46^{+0.25}_{+0.2}$。

4. 修配法的特点

修配法可降低各组成环的加工要求，利用修配环的修配可获得较高的装配精度，尤其是尺寸链环数较多时，其优点更为明显，即各组成环均可以按"经济精度"来制造，但装配后却可获得很高的装配精度。不足之处是：增加了修配工作量，生产效率降低；对装配工人的技术水平要求高。

5. 应　用

修配装配法适用于单件小批生产中装配那些组成环数较多而装配精度又要求较高的产品或部件。

6. 修配法的种类

在实际生产中，修配的方式较多，常见的有以下三种：

(1) 单件修配法

在装配时，选定某一固定的零件作为修配环，用去除修配件上多余材料的方式去满足装配精度要求的方法称为单件修配法。例 7-2、例 7-3 都是单件修配法的实例。

(2) 合并加工修配法

将两个或两个以上的零件合并在一起看作一个修配件进行修配的方法，称为合并加工修配法。它能减少尺寸链的环数。

合并加工修配法在装配时不能进行互换，相配零件要打上编号以便对号入座，给加工、装配和生产组织工作带来不便。因此,这种方法多用于单件小批生产。

(3) "就地加工"修配法

在机床制造业中,常常利用机床本身具有的切削加工能力,在装配中采用自己加工自己的方法来保证某些装配精度,这就是"就地加工"修配法。这种方法的实质是扩大各组成环的公差,选定一个零件作为修配环,用自身的切削加工能力进行修配来达到装配精度要求。

在生产中,牛头刨床、龙门刨床或龙门铣床的装配中,要保证工作台面与导轨的平行度,有时采用自己刨(或铣)工作台面来达到装配精度,这时工作台就是一个修配环。

"就地加工"效果比较理想,加工也比较方便,但必须是具有切削能力的产品才能采用,因此多用于成批生产的机床制造业。

7.3.4 调整装配法

修配法一般是要在现场进行修配,这就限制了它的应用。在成批、大量生产的情况下,可以采用更换不同尺寸大小的某个组成环,或调整某个组成环的位置来达到封闭环的精度要求,这就是调整装配法,简称调整法,所选的组成环称为调整环。因此,调整法的实质也是扩大各组成环的公差,并保证封闭环的精度,所选的调整环可以是一个,也可以是几个,组成一个调整环系统。调整装配法与修配装配法的原理基本相同,除调整环外各组成环均以经济精度加工制造,由于扩大组成环制造公差累积造成的封闭环过大的误差,通过调节调整件(或称补偿件)相对位置的方法消除,最后达到装配精度要求。

根据调整方式的不同,调整法又可分为固定调整法、可动调整法和误差抵消调整法三种。本小节主要讲固定调整法和可动调整法。

1. 固定调整法

(1) 概　念

采用改变调整件(或称为补偿件)的实际尺寸,使封闭环达到其装配精度要求的方法,称为固定调整法。补偿环要形状简单,便于拆装,常用的补偿环有垫圈、挡环、套筒等。改变补偿环实际尺寸的方法是根据封闭环公差的大小,分别装入不同尺寸的补偿环。为此,需要预先按一定的尺寸要求制成若干组不同尺寸的补偿件,以供装配时选用。

(2) 确定补偿环的组数和各组的尺寸

采用固定调整法时,计算装配尺寸链的关键是确定补偿环的组数和各组的尺寸。

1) 确定补偿环的组数

首先,要确定补偿量 B。采用固定调整法时,由于放大了各组成环的公差,装配后的实际封闭环的公差必然超出设计要求,其超差量需要补偿环补偿。该补偿量等于超差量,可用下式计算:

$$B = T'_F - T_F \tag{7-14}$$

式中:T'_F——实际封闭环的公差(含补偿环);

T_F——设计要求的封闭环公差。

其次,要确定每一组补偿环的补偿能力 S。可用下式计算:

$$S = T_F - T_K \tag{7-15}$$

式中:T_K——补偿环的公差。

当第一组补偿环无法满足补偿要求时,就要用到相邻一组的补偿环来补偿,所以相邻组别补偿环的基本尺寸之差应等于补偿能力 S,以保证补偿作用的连续进行。因此,分组数 Z 可用下式计算:

$$Z = \frac{B}{S} + 1 \tag{7-16}$$

计算所得的分组数 Z 后,要圆整至邻近的较大整数。一般分组数为 2~6 组比较合适。

2) 计算各组补偿环的尺寸

由于各组补偿环的基本尺寸之差等于补偿能力 S,故只要先求出一组补偿环的尺寸,就可推算出其他各组的尺寸。

(3) 尺寸链的计算方法

固定调整法是采用极值法来解装配尺寸链的。下面通过一个实例说明采用固定调整法时尺寸链的计算方法和步骤。

例 7-4 图 7-13(a)所示为某齿轮组件装配示意图。按照装配技术要求,齿轮、弹性挡圈、垫圈装在轴上后,齿轮的轴向间隙 A_0 应在 0.05~0.2 mm。已知 $A_1=110$ mm,$A_2=10$ mm,$A_3=95$ mm,$A_K=5$ mm。现采用固定调整法,试确定各组成环的公差及补偿环的组数。

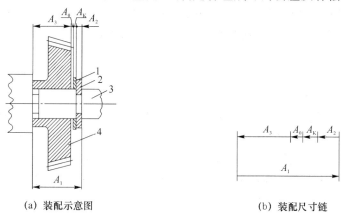

(a) 装配示意图   (b) 装配尺寸链

1—垫圈;2—弹性挡圈;3—轴;4—齿轮

图 7-13 齿轮组件装配示意图

解

1) 确定补偿环

组成环 A_K 为垫圈,形状简单,制造容易,装拆方便,故选择 A_K 为补偿环。

2) 确定各组成环的公差

根据各组成环所采用加工方法的经济精度来确定其公差：$T_1=0.15$ mm，$T_2=0.1$ mm，$T_3=0.15$ mm，$T_K=0.03$ mm。

按"入体原则"确定各组成环公差（补偿环除外）的极限偏差：$A_1=110^{+0.15}_{\ 0}$，$A_2=10_{-0.1}^{\ 0}$，$A_3=95_{-0.15}^{\ 0}$。

3) 确定补偿环组数

由式(7-16)可知：

$$Z=\frac{B}{S}+1=\frac{0.15+0.1+0.15+0.03-0.15}{0.15-0.03}+1=\frac{0.28}{0.12}+1=3.3\approx 4$$

故本例调整件的组数应分为4组。

4) 确定各组补偿环的尺寸

根据7.2节所述，建立以轴向间隙为封闭环的装配尺寸链如图7-13(b)所示。其中，A_1是增环，A_2、A_3、A_K是减环。设调整件最大组别的尺寸为A_{K1}，则尺寸链关系式为

$$F_{\max}=A_{1\max}-A_{2\min}-A_{3\min}-A_{K1\min}$$
$$0.2=110.15-9.9-94.85-A_{K1\min}$$

所以$A_{K1\min}=5.2$。

由于$T_K=0.03$ mm，故调整件的补偿能力为

$$S=T_F-T_K=0.15-0.03=0.12$$

结果4组调整件的尺寸分别为$A_{K1}=5.23_{-0.03}^{\ 0}$，$A_{K2}=5.11_{-0.03}^{\ 0}$，$A_{K3}=4.99_{-0.03}^{\ 0}$，$A_{K4}=4.87_{-0.03}^{\ 0}$。

应该指出：利用尺寸链分析计算装配精度，只考虑了零件尺寸和公差的影响，而没有考虑零件的形位误差。因为零件的形状误差一般都在规定公差范围之内，而零件位置公差，除特别标注外，实际上也可以忽略不计。同时，上述计算也未考虑结构刚性不足引起的变形、热变形和使用中的磨损等因素。这些在实际计算时应根据具体情况，予以适当考虑。

(4) 固定调整法的特点

固定调整法可降低对组成环的加工要求，利用调整的方法改变补偿环的实际尺寸，从而获得较高的装配精度，尤其是尺寸链中环数较多时，其优点更为明显。固定调整法在装配时不必修配补偿环，没有修配法的缺点，也没有可动调整法中改变位置的补偿件，因而刚性较好，结构比较紧凑。但是，固定调整法在调整时要拆换补偿件，装拆和调整比较费事，所以在设计时要选择装拆方便的结构件作为调整环。

(5) 应 用

固定调整法具有上述特点，主要适用于大批和中批生产。

2. 可动调整法

可动调整法是利用移动、旋转或同时进行移动和旋转调整件，即用改变调整件位置来达到装配精度的方法。

可动调整法可以调整由于磨损、热变形、弹性变形等所引起的误差。这种方法不必要拆卸零件,比固定调整法方便,可以对误差进行连续补偿。但与固定调整法相比,其结构较复杂,有时结构刚性稍差,因此,可动调整法适用于高精度和组成环在工作中易于变化的结构。

机械制造中采用可动调整法的例子较多,图 7-14 所示为车床溜板与床身导轨之间间隙调整的例子,用调整螺钉改变垫板位置来保证导轨与溜板之间间隙的大小。

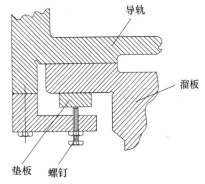

图 7-14 车床溜板与床身导轨之间间隙的调整

7.3.5 装配方法的选择

上述各种装配方法各有特点。选择装配方法的出发点就是使产品制造的全过程达到效果最佳,具体考虑因素有封闭环公差要求(装配精度)、结构特点(组成环环数等)、生产类型及具体生产条件。

一般来说,只要组成环的加工比较经济可行,要优先采用完全互换装配法。成批生产而组成环较多时,可采用部分互换装配法。

当封闭环公差要求较严而且采用互换装配法将使组成环加工比较困难或不经济时,可采用其他方法。大批量生产时,环数少的尺寸链采用分组装配法,环数多的尺寸链采用调整法。单件小批生产时,常采用修配法。成批生产时,可灵活应用调整法、修配法和分组装配法。

一种产品究竟采用何种装配方法来保证装配精度,通常在设计阶段就已经确定。因为只有在装配方法确定后,才能通过尺寸链的计算,合理地确定各个零部件在加工和装配中的技术要求。但是,同一种产品的同一装配精度要求,在不同的生产类型和生产条件下,可能采用不同的装配方法。

7.4 装配工艺规程的制定

7.4.1 制定装配工艺规程的基本要求

制定装配工艺规程的基本要求是,在保证产品装配质量的前提下,尽量提高生产效率和降低成本。具体要求如下:

① 保证产品的装配质量,以延长产品的使用寿命;

② 合理安排装配顺序和工序,尽量减少钳工手工劳动量,缩短装配周期,提高装配效率;

③ 尽量减少装配占地面积；
④ 尽量减少装配工作的成本。

7.4.2 制定装配工艺规程的主要依据

1. 产品的装配图及验收技术条件

产品的装配图应包括总装图和部件装配图，并能清楚地表示出零件、部件的相互连接关系及其联系尺寸、装配精度和其他技术条件、零件的明细表、零件交接状态表、典型装配工艺规程等。为了在装配时对某些零件进行补加工，有时需要某些零件图。

验收技术条件应包括验收的内容和方法。

2. 产品的生产类型

不同的生产类型致使装配的组织形式、装配方法、工艺过程的划分、设备及工艺装备专业化和通用化水平、手工操作量的大小、对工人技术水平的要求和工艺文件的格式等均有不同的要求。各种生产类型的装配工艺特征如表7-2所列。

表7-2 各种生产类型的装配工艺特征

装配工艺特征	生产类型		
	单件小批生产	中批生产	大批大量生产
组织形式	采用固定式装配或固定流水装配	重型产品采用固定流水装配；批量较大时采用流水线装配；多品种平行投产时采用变节拍流水线装配	多采用流水装配线和自动装配线
装配方法	常用修配法	优先采用互换法；装配精度要求高时，灵活应用调整法和修配法	优先采用互换法；装配精度要求高时，环数少则用分组法，环数多则用调整法
产品生产重复程度	产品经常变换，很少重复	产品周期重复	产品固定不变，经常重复
工艺过程	工艺灵活掌握，也可适当调整工序	应适合批量的大小，尽量使生产均衡	工艺过程划分很细，力求达到高度均衡性
设备及工艺装备	一般为通用设备及工艺装备	较多采用通用设备及工艺装备，部分采用高效工艺装备	采用专用、高效设备及工艺装备，易于实现机械化和自动化
手工工作量	手工工作量大	手工操作比重较大	手工操作比重较小
对操作者的要求	对操作者技术水平要求高	对操作者的技术水平要求一般	对操作者的技术水平要求较低
工艺文件	仅有装配工艺过程卡片	有装配工艺过程卡，复杂产品有装配工序卡	有装配工艺过程卡和装配工序卡
应用实例	重型机械、重型机床、汽轮机等	机床、机车车辆等	汽车、拖拉机、内燃机等

3. 现场条件及相关资料

现场条件及相关资料包括现有装配设备、工艺装备、装配车间、生产工人及技术水平、机械加工条件及各种工艺资料和标准规范等。工程技术人员熟悉和掌握它们,才能制定出合理的装配工艺规程。

7.4.3 制定装配工艺规程的方法和内容

1. 研究产品的装配图及验收技术条件

① 审核产品图样的完整性、正确性;
② 分析产品的结构工艺性;
③ 审核产品装配的技术要求和验收标准;
④ 分析和计算产品装配尺寸链。

2. 确定装配方法与组织形式

(1) 装配方法的确定

装配方法主要取决于产品结构的尺寸和质量,以及产品的生产纲领。

(2) 装配组织形式

① 固定式装配　全部装配工作在一个固定的地点完成。适用于单件小批生产及体积和质量大的设备的装配。

② 移动式装配　将零部件按装配顺序从一个装配地点移动到下一个装配地点,不同地点分别完成一部分装配工作,各装配点工作的总和就是整个产品的全部装配工作。适用于大批量生产。

3. 划分装配单元

划分装配单元,以便确定装配顺序:
① 将产品划分为合件、组件和部件等装配单元,进行分级装配;
② 确定装配单元的基准零件;
③ 根据基准零件确定装配单元的装配顺序。

一般装配顺序的安排如下:
① 工件要先预处理,如去毛刺与飞边、工件倒角、清洗、防锈和防腐处理等;
② 先装配基准件、重大件,以便保证装配过程的稳定性;
③ 先进行易破坏装配质量的工作,如冲击性质的装配、压力装配、加热装配;
④ 先进行复杂件、精密件和难装配件的装配,以保证装配顺利进行;
⑤ 集中安排使用相同设备和工艺装备的装配以及有共同特殊装配环境的装配;
⑥ 处于基准件同一方位的装配应尽可能集中进行;
⑦ 电线、油气管路的安装应与相应工艺同时进行;
⑧ 易燃、易爆、易碎、有毒物质或零、部件的安装,尽可能放在最后,以减少安全防护工作

量,保证装配工作顺利完成。

为了清晰地表示装配顺序,常用装配单元系统图来表示,它是表明产品零件、部件相互装配关系及装配流程的示意图。图7-15所示为装配单元系统图。

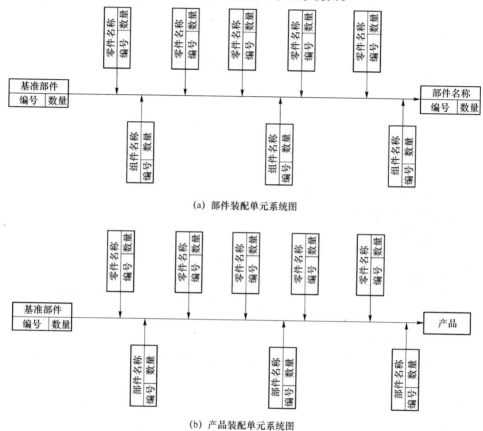

图 7-15 装配单元系统图

装配单元图的画法:首先画一条横线,横线右端箭头指向装配单元的长方格,横线左端为基准件的长方格;再按装配的先后顺序,从左向右依次装入零件、合件、组件和部件。表示零件的长方格画在横线上方,表示合件、组件和部件的长方格画在横线下方。每一长方格内上方注明装配单元名称,左下方填写装配单元的编号,右下方填写装配单元的件数。

4. 划分装配工序

装配顺序确定后,就可以将工艺过程划分为若干个工序,并进行具体的装配工序的设计。工序的划分主要是确定工序集中与分散的程度,工序的划分通常和工序设计一起进行。

① 划分装配工序,确定工序内容(如清洗、刮削、平衡、过盈连接、螺纹连接、校正、检验、试运转、油漆及包装等);

② 确定各工序所需的设备和工具；
③ 制定各工序装配操作规范，如过盈配合的压入力等；
④ 制定各工序装配质量要求与检验方法；
⑤ 确定各工序的时间定额，平衡各工序的工作节拍。

5. 编制装配工艺文件

单件小批生产仅要求填写装配过程卡。中批生产时，通常也只需填写装配工艺过程卡，对复杂产品则还要填写装配工序卡。大批量生产时，不仅要求填写装配工艺过程卡，而且还要填写装配工序卡，以便指导工人进行操作装配。对一些关键工序，为了保证质量可填写关键工序控制卡，如表 7-3 所列。

装配工艺过程卡和装配工序卡的格式根据不同的产品有不同的形式，就是同一个产品不同的生产单位也不尽相同。表 7-4、表 7-5 所列为其中的一种形式。

表 7-3 关键工序控制卡

制造单位		关键工序控制卡				编号	
型号		图号		名称	类别	材料	
工序号	工序名称	设备	工装	检验器具	操作者	特征	
加工方法及要求							
编制	工艺室主任		技术负责人		主管单位	质量会签	

表 7-4 装配工艺过程卡

单位		工艺过程卡		型号			共 页	
				部件号		组合件	第 页	
工序号	工序用文件及重要说明	工种	工时	工装与设备		工序用材料		
				名称	代号	名称	代号	数量
更改单号		更改内容		签名	编制		校对	

表 7-5 装配工序卡

工序号	工步号	工序内容	工夹具和设备		零件、组合件、材料			标准件		
			名称	代号	名称	代号	数量	名称	代号	数量
	更改单号		更改内容		签名			编制	校对	

6. 制定产品检测与试验规范

产品装配完毕后,应按产品技术性能要求和验收技术条件制定检测与试验规范。它包括:
① 检测和试验的项目及检验质量指标;
② 检测和试验的方法、条件与环境要求;
③ 检测和试验所需要的工艺装备;
④ 质量问题的分析方法和处理措施。

习题与思考题

7-1 什么是装配过程?它在机器的生产过程中有什么重要作用?

7-2 什么叫装配精度?它与零件加工质量、装配工艺方法有什么关系?

7-3 保证装配精度常用的工艺方法有哪几类?它们各自用在什么条件下?

7-4 什么叫装配尺寸链?它与工艺尺寸链有何异同?

7-5 图 7-16 所示为某主轴结构简图,为保证弹性挡圈能顺利装入,要求保证轴向间隙为 0.05~0.42,现已知 $A_1=32.5, A_2=25, A_3=2.5$。试通过极值法和概率法计算确定各组成环的上、下偏差。

7-6 图 7-17 所示为机床的大拖板与导轨的装配简图,要保证间隙 A,已知 $A_1=16^{+0.06}_{+0.03}, A_2=30^{+0.03}, A_3=46_{-0.04}$,试求 $A=?$

7-7 图 7-18 所示为机床上一双联齿轮的部分装配图,要求轴向间隙为 $A=0.5$~0.2 mm,已知 $A_1=115^{+0.12}, A_2=2.5_{-0.12}, A_3=104_{-0.12}, A_4=0.02$。用 A_4 来调整,试计算各

级垫片的尺寸。

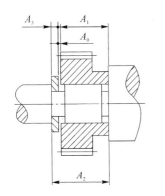 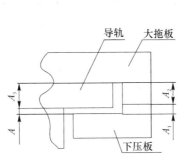 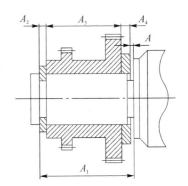

图 7-16 主轴结构简图　　图 7-17 大拖板与导轨装配图　　图 7-18 轴向间隙的调整

7-8　装配工作的基本内容有哪些？

7-9　什么叫装配工艺规程？它有什么作用？

7-10　机器分解成装配单元有什么作用？装配单元分哪几级？

第 8 章　现代制造技术

本章主要介绍特种加工技术的含义、产生及其发展过程,以及目前较为常见的几种特种加工方法的原理、工艺特点和典型应用;超精密加工的概念、发展及意义,影响超精密加工的主要因素,以及目前比较常见的几种超精密加工方法;成组技术、计算机辅助工艺设计(CAPP)、计算机集成制造系统(CIMS)的基本概念、工作原理以及目前正在研究和探索的新的制造技术。

8.1　特种加工

8.1.1　特种加工的概念

众所周知,传统的机械加工是利用刀具比工件硬的特点,依靠机械能来去除金属实现加工的,其实质是"以硬碰硬"。因此,在实际加工及工艺编辑过程中,工件硬度是需要考虑的重要因素,故大多数切削加工都安排在淬火热处理工序之前,但热处理易引起工件的变形。那么,工业生产中有没有"以柔克刚"的加工方法呢?

随着社会生产的需要和科学技术的进步,20世纪40年代,苏联科学家拉扎连柯夫妇研究开关触点遭受火花放电腐蚀损坏的现象和原因,发现点火的瞬时高温可使局部的金属融化、气化而被腐蚀掉,从而发明了电火花加工。至此,人们初次脱离了传统加工的旧轨道,利用电能、热能,在不产生切削力的情况下,以低于工件金属硬度的工具去除工件上多余的部位,成功地获得了"以柔克刚"的技术效果。后来,由于各种先进技术的不断应用,产生了多种有别于传统机械加工的新加工方法。这些新加工方法从广义上定义为特种加工 NTM(Non-Traditional Machining),也称为非传统加工技术,其加工原理是将电、热、光、声及化学等能量或其组合施加到工件被加工的部位上,从而实现材料去除。

8.1.2　特种加工方法的分类

特种加工的分类没有明确的规定,一般按能量来源、作用形式以及加工原理可分为表 8-1 所列的形式。

表 8-1 常用特种加工方法的分类

加工方法		主要能量形式	作用形式	符 号
点火花加工	电火花成型加工	电能、热能	熔化、气化	EDM
	电火花线切割加工	电能、热能	熔化、气化	WEDM
电化学加工	电解加工	电化学能	金属离子阳极溶解	ECM(ELM)
	电解磨削	电化学能、机械能	阳极溶解、磨削	EGM(ECG)
	电解研磨	电化学能、机械能	阳极溶剂、研磨	ECH
	电铸	电化学能	金属离子阴极沉积	EFM
	涂镀	电化学能	金属离子阴极沉积	EPM
高能束加工	激光束加工	光能、热能	熔化、气化	LBM
	电子束加工	光能、热能	熔化、气化	EBM
	离子束加工	电能、机械能	切蚀	IBM
	等离子弧加工	电能、热能	熔化、气化	PAM
材料切蚀加工	超声加工	声能、机械能	切蚀	USM
	磨料流加工	机械能	切蚀	AFM
	液体喷射加工	机械能	切蚀	HDM
化学加工	化学铣削	化学能	腐蚀	CHM
	化学抛光	化学能	腐蚀	CHP
	光刻	光能、化学能	光化学腐蚀	PCM
复合加工	电化学电弧加工	电化学能	熔化、气化腐蚀	ECAM
	电解电化学机械磨削	电能、热能	离子熔接、熔化、切割	MEEC

8.1.3 特种加工技术的特点及使用范围

与传统的机械加工相比,特种加工的不同之处如下:
- 主要不是依靠机械能,而是用其他能量(如电、化学、光、声和热等)去除金属材料。
- 加工过程中工具和工件之间不存在显著的机械切削能力,故加工的难易与工件硬度无关。
- 各种加工方法可以任意复合、扬长避短,形成新的工艺方法,更突出其优越性,便于扩大应用范围。如目前的电解电火花加工(ECDM)、电解电弧加工(ECAM)就是两种特种加工复合而形成的新的加工方法。因篇幅所限,以下仅介绍几种特种加工方法。

1. 电化学加工技术

电化学加工ECM(Electro Chemical Machining)包括从工件上去除金属的电解加工和向工件上沉积金属的电镀、涂覆加工两大类。

(1) 电化学加工的原理

两面三刀片金属铜(Cu)板浸在导电溶液如氯化铜($CuCl_2$)的水溶液中,此时水(H_2O)电离为氢氧根负离子OH^-和氢正离子H^+,$CuCl_2$离解为两个氯负离子$2Cl^-$和一个二价铜正离子Cu^{2+}。如图8-1所示,当两个铜片接上直流电形成导电通路时,导线和溶液中均有电流流过,在金属片(电极)与溶液的界面上就会有交换电子的反应,即电化学反应。溶液中的离子将做定向移动,Cu^{2+}离子移向阴极,在阴极上得到电子而进行还原反应,沉积出铜。在阳极表面Cu还原失掉电子而成为Cu^{2+}离子进入溶液。溶液中正、负离子的定向移动称为电荷迁移。在阳、阴电极表面发生得失电子的化学反应称为电化学反应。这种利用电化学反应原理对金属进行加工的方法称为电化学加工。

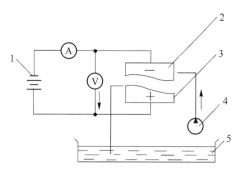

1—直流电源;2—工具电极;3—工件阳极;
4—电解液泵;5—电解液

图8-1 电化学加工原理图

(2) 电化学加工的分类

电化学加工有三种不同的类型。第Ⅰ类是利用电化学加工过程的阳极溶解来加工,主要有电解加工和电化学抛光等;第Ⅱ类是利用电化学反应过程中的阴极沉淀来加工,主要有电镀、电铸等;第Ⅲ类是利用电化学加工与其他加工方法相结合的电化学复合加工工艺进行加工,目前主要有电解磨削、电化学阳极机械加工(其中还含有电火花放电作用)。电化学加工的类别如表8-2所列。本节主要介绍的是电解加工、电铸成型和电解磨削,其他的电化学加工请参考相关资料。

表8-2 电化学加工分类

类别	加工方法及原理	应用
Ⅰ	电解加工(阳极溶液)	用于形状尺寸加工
	电化学抛光(阳极溶液)	用于表面加工
Ⅱ	电镀(阴极沉淀)	用于表面加工
	电铸(阴极沉淀)	用于形状尺寸加工
Ⅲ	电极(阳极溶液、机械磨削)	用于形状尺寸加工
	电解放电加工(阳极溶液、电火花蚀除)	用于形状尺寸加工

(3) 电化学加工的适用范围

电化学加工的适用范围,因电解和电镀两大类工艺的不同而不同。

电解加工可以加工复杂成型模具和零件,例如汽车、拖拉机连杆等各种型腔锻模,航空、航天发动机的扭曲叶片,汽轮机定子、转子的扭曲叶片,炮筒内管的螺旋"膛线"(来复线),齿轮、液压件内孔的电解去毛刺及扩孔、抛光等。

电镀、电铸可以复制复杂、精细的表面。

2. 电解加工

(1) 基本原理

电解加工是利用金属在电解液中的"电化学阳极溶液"来将工件成型的。在工件(阳极)与工具(阴极)之间接上直流电源,使工具与工件间保持较小的加工间隙(0.1~0.8 mm),间隙中通过高速流动的电解液。这时,工件阳极开始溶解。开始时,两极之间的间隙大小不等,间隙小处电流密度大,阳极金属去除速度快;而间隙大处电流密度小,阳极金属去除速度慢。随着工件表面金属材料的不断溶解,工具阴极不断地向工件进给,溶解的电解产物不断地被电解液冲走,工件表面也就逐渐被加工成接近于工具电极的形状,如此下去直至将工具的形状复制到工件上。

(2) 电解加工的特点

与其他加工方法相比较,电解加工的特点是:能加工各种硬度和强度的材料。只要是金属,不管其硬度和强度多大,都可加工。生产率高,为电火花加工的 5~10 倍,在某些情况下,比切削加工的生产率还高,且加工生产率不直接受加工精度和表面粗糙度的限制。表面质量好,电解加工不产生残余应力和变质层,又没有飞边、刀痕和毛刺。在正常情况下,表面粗糙度 Ra 可达 0.2~1.25 μm。阴极工具在理论上不损耗,基本上可长期使用。

当前,电解加工存在的主要问题是加工精度难以严格控制,尺寸精度一般只能达到 0.15~0.30 mm。此外,电解液对设备有腐蚀作用,电解液的处理也较困难。

3. 电火花加工

在一定的介质中,通过工具电极和工件电极之间的脉冲放电的电蚀作用对工件进行加工的方法,称为电火花加工 EDM(Electrical Discharge Machining),又称为电蚀加工。

(1) 电火花加工原理

电火花加工的原理如图 8-2 所示。在充满液体介质的工具电极与工件之间的很小间隙中,施加脉冲电压,于是间隙中就产生了很强的电场,使两极间的液体介质在极间间隙最小处或在绝缘强度最低处按

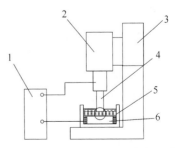

1—脉冲电源;2—送进机构及间隙自动调整器;
3—立柱;4—工具电极;5—工作液;6—工件

图 8-2 电火花加工原理图

脉冲电压的频率不断地被电离击穿产生脉冲放电。

(2) 电火花加工中的一些基本规律

① 极性效应 在电火花加工过程中,不仅工件材料被蚀除,工具电极也同样遭到蚀除,但阳极(指接电源正极)和阴极(指接电源负极)的蚀除速度不同,这种现象称为极性效应。为了减少工具电极的损耗和提高生产效率,总希望极性效应越显著越好,即工件材料蚀除快,而工具蚀除慢。因此,电火花加工的电源应选择直流脉冲电源。若采用交流脉冲电源,则工件与工具的极性不断改变,使总的极性效应等于零。同时,要注意正确选择极性:一般当电源为高频时,工件接正极;当电源为低频时,工件接负极;当使用钢制工具电极时,不管电源脉冲频率的高低,工件一律接负极。

② 脉冲放电 电火花加工中,火花放电必须是瞬间的脉冲放电,放电延续时间很短,一般为 $10^{-7} \sim 10^{-3}$ s,这样才能使火花放电时所产生的热量来不及传导扩散到其余部分,从而把每一次放电点分别限制在很小的范围内,以完成对工件的尺寸加工。

③ 放电间隙 电火花加工中,还必须使工具电极与工件被加工表面之间保持一定的放电间隙,通常为几微米至几十微米。如果间隙过大,极间电压不能击穿极间介质,则不会产生电火花放电;如果间隙过小,则很容易造成短路。因此,电火花机床必须具有工具电极的自动进给和间隙调节装置,以保证极间正常的火花放电。目前,自动进给调节装置种类很多,按执行元件可大致分为伺服电机式、液压式、数控步进电机式和宽调速力矩电机式等。

④ 工作液 电火花加工一般把电极和工件放入绝缘液体中,这类液体称为工作液。工作液的作用如下:形成火花击穿放电通道,并在放电结束后迅速恢复间隙的绝缘状态;对放电通道产生压缩作用,帮助电蚀产物的抛出和排除;对工具、工件的冷却作用。因此,工作液选择对电蚀量也有较大的影响,介质性能好、密度和黏度大的工作液有利于压缩放电通道,提高放电的能量密度,强化电蚀产物的抛出效应,但黏度太大不利于电蚀产物的排出,影响正常放电。目前,电火花成型加工主要采用油类介质为工作液,粗加工往往选用介电性能好、黏度较大的机油,且机油的燃点较高,大能量加工时着火燃烧的可能性小;而在中、精加工时放电间隙比较小,排屑困难,故一般均选用黏度小、流动渗透性好的煤油作为工作液。

(3) 电火花加工的工艺特点及应用

① 由于电火花加工是利用极间火花放电时产生的电腐蚀现象,靠高温熔化和气化金属进行蚀除加工的。因此,可以使用较软的紫铜等工具电极,对任何导电的难加工材料(如硬质合金、耐热合金、淬火钢、不锈钢、金属陶瓷和磁钢等,用普通方法难以加工或无法加工)进行加工,达到以柔克刚的效果。

② 由于电火花加工是一种非接触式加工,加工时不产生切削力,不受工具和工件刚度限制,因而有利于实现微细加工,如薄壁、深小孔、盲孔、窄缝及弹性零件等的加工。

③ 由于电火花加工中不需要复杂的切削运动,因此有利于异形曲面零件的表面加工。又

由于工具电极的材料可以较软,因而工具电极较易制造。

④ 尽管放电温度较高,但因放电时间极短,所以加工表面不会产生厚的热影响层,因而适于加工热敏感性很强的材料。

电火花加工方法按其加工方式和用途不同,大致可分为电火花成型加工、电火花线切割加工、电火花磨削和镗磨加工、电火花同步回转加工和电火花表面强化与刻字等五大类。其中,尤以电火花成型加工和电火花线切割加工的应用最为广泛。

4. 电火花线切割加工 WEDM(Wire Cut EDM)

(1) 电火花线切割原理

电火花线电极切割加工简称线切割。其基本原理与电火花加工相同,不同之处是工具电极由一根移动的钼丝所代替,工件靠 x、y 两坐标移动来加工出平面图形。

(2) 线切割工艺特点及应用

1) 线切割工艺特点

电火花线切割加工具有如下特点:

① 省掉了成型工具电极,大大降低了成型工具电极的设计和制造费用,缩短了生产准备时间,这对多品种、小批量生产十分有利。

② 由于电极丝比较细,故可加工微细的异形孔、窄缝和复杂形状的工件。

③ 由于切缝很窄,且只对工件材料进行图形的轮廓加工,故蚀除量很少,在同样的电参数下,可比电火花成型加工获得较高的生产率。

④ 自动化程度高。大多采用数控编程,操作使用方便,工人劳动强度低,易于实现微机控制。

2) 线切割的应用

① 加工模具　适用于各种形状的冲模,调整不同的间隙补偿量,只需一次编程就可切割凸模、凸模固定板、凹模及卸料板等。

② 加工电火花成型加工用的电极　如一般穿孔加工的电极以及带锥度型腔加工的电极。对于铜-钨、银-钨合金之类的材料,用线切割加工特别经济,同时也适用于微细复杂形状的电极。

③ 加工零件　在试制新产品时,用线切割在板料上可直接割出零件,例如切割特殊微电机硅钢片转子铁心、特殊蝶形弹簧片等。由于不需要另行制造模具,故可大大缩短周期,降低成本。

(3) 数控线切割编程简介

下面简单介绍我国高速走丝线切割机床应用较广的 3B 程序编程要点。常见的图形都是由直线或圆弧组成的。对于任何复杂的图形,只要分解为直线和圆弧就可依次分别编程。编程时需用的参数有 5 个:切割的起点或终点坐标 x、y 值,切割时的计数长度 J(切割长度在 x 轴或 y 轴上的投影长度),切割时的计数方向 G 以及切割轨迹的类型,称为加工指令 Z。

我国数控线切割机床采用统一的五指令 3B 程序格式,即 BxByBJGZ。其中:

B——分隔符,隔离 x、y 和 J 等数码,B 后的数字为 0(零)时,此 0 可忽略不计。

x、y——直线的终点或圆弧起点的坐标值,编程时均取绝对值,以 μm 为单位。

J——计数长度,亦以 μm 为单位,以前编程时必须填写满 6 位数,例如计数长度为 4 570 μm,则应写成 004570。现在的微机控制器无此规定,写成 4570 即可。

G——计数方向,分 G_x 或 G_y,即可按 x 方向或 y 方向计数,工作台在该方向每走 1 μm 即计数累减 1,当累减到计数长度 J=0 时,这段程序即加工完毕。

Z——加工指令,分为直线 L 和圆弧 R 两大类。直线按走向和终点所在象限分为 L_1、L_2、L_3、L_4 四种,圆弧按第一步所在象限及走向的顺、逆圆分为 SR_1、SR_2、SR_3、SR_4 及 NR_1、NR_2、NR_3、NR_4 八种,如图 8-3 所示。

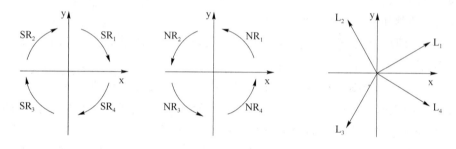

图 8-3 直线和圆弧的加工指令

(4) 直线的编程

① 把直线的起点作为坐标的原点。

② 把直线的终点坐标值作为 x、y,均取绝对值,单位为 μm,亦可用公约数将 x、y 缩小整倍数。

③ 计数长度 J,按计数方向 G_x 或 G_y,取该直线在 x 轴或 y 轴上的投影值,即取 x 值或 y 值,以 μm 为单位。决定计数长度时,要与选计数方向一并考虑。

④ 计数方向的选取原则是,取此程序最后一步的轴向为计数方向。不能预知时,一般选取与终点处的走向较平行的轴作为计数方向,这样可减小编程误差和加工误差。对直线而言,取 x、y 中较大的绝对值和轴向作为计数长度 J 和计数方向。

⑤ 加工指令按直线走向和终点所在象限不同而为 L_1、L_2、L_3、L_4,其中与+x 轴重合的直线记作 L_1,与+y 轴重合的记作 L_2,与-x 轴重合的记作 L_3,其余类推。与 x、y 轴重合的直线,编程时 x、y 均可为 0,且在 B 后可不写。

(5) 圆弧的编程

① 把圆弧的圆心作为坐标的原点。

② 把圆弧的起点坐标值取为 x、y,均取绝对值,单位为 μm。

③ 计数长度 J,按计数方向取 x 或 y 轴上的投影值,以 μm 为单位。如果圆弧较长,跨越两个以上象限,则分别取计数方向 x 轴(或 y 轴)上各个象限投影的绝对值相累加。作为该方向总的计数长度,也要与选计数方向一并考虑。

④ 计数方向同样也取与该圆弧终点时走向较平行的轴向作为计数方向,以减小编程误差和加工误差。对圆弧来说,取终点坐标中绝对值较小的轴向作为计数方向(与直线相反)。最好也取最后一步的轴向为计数方向。

⑤ 加工指令对于圆弧,按其第一步所进入的象限可为 R_1、R_2、R_3、R_4,在 +x 轴上算作 R_1,在 +y 轴上算作 R_2,其余类推。按切割走向又可分为顺圆 SR 和逆圆 NR,于是共有八种指令,即 SR_1、SR_2、SR_3、SR_4;NR_1、NR_2、NR_3、NR_4。

5. 激光加工

激光加工 LBM(Laser Beam Machining)技术是 20 世纪 70 年代初发展起来的一门新兴科学。通过激光,可以对各种硬、脆、软、韧及难熔的金属和非金属进行切割和微小孔加工。此外,激光还广泛应用于精密测量和焊接工作。

(1) 激光加工的原理

激光是一种强度高、方向性好、单色性好的相干光。由于激光的发散角小和单色性好,理论上可以聚焦到尺寸与光的波长相近的(微米甚至亚微米)小斑点上,加上它本身强度高,故可以使其焦点处的功率密度达 $10^7 \sim 10^{11}$ W/cm^2,温度可达 10 000 ℃ 以上。在这样的高温下,任何材料都将瞬时急剧熔化和气化,并爆炸性地高速喷射出来,同时产生方向性很强的冲击。因此,激光加工是工件在光热效应下产生高温熔融和受冲击波抛出的综合过程。

(2) 激光加工的特点

激光加工的特点主要有以下几个方面:

① 几乎对所有的金属和非金属材料都可以进行激光加工。

② 激光能聚焦成极小的光斑,可进行微细和精密加工,如微细窄缝和微型孔的加工。

③ 可用反射镜将激光束送往远离激光器的隔离室或其他地点进行加工。

④ 加工时不需要用刀具,属于非接触加工,无机械加工变形。

⑤ 无需加工工具和特殊环境,便于自动控制连续加工,加工效率高,加工变形和热变形小。

(3) 激光加工基本设备及其组成部分

激光加工的基本设备由激光器、导光聚焦系统和激光加工系统三部分组成。

激光器是激光加工的重要设备,其任务是把电能转变成光能,产生所需要的激光束。按工作物质的种类可分为固体激光器、气体激光器、液体激光器和半导体激光器四大类。由于 He – Ne（氦-氖）气体激光器所产生是激光不仅容易控制，而且方向性、单色性及相干性都比较好，因而在机械制造的精密测量中被广泛采用。而在激光加工中则要求输出功率与能量大，目前多采用二氧化碳气体激光器及红宝石、钕玻璃、YAG（掺钕钇铝石榴石）等固体激光器。

根据被加工件的性能要求，光束经放大、整形、聚焦后作用于加工部位，这种从激光器输出窗口到被加工工件之间的装置称为导光聚焦系统。

激光加工系统主要包括床身、能够在三维坐标范围内移动的工作台及机电控制系统等。随着电子技术的发展，许多激光加工系统已采用计算机来控制工作台的移动，实现激光加工的连续工作。

6．超声波加工

人耳能感受的声波频率在 17～17 000 Hz 范围内，声波频率超过 17 000 Hz 被称为超声波。超声波加工 USM（Ultrasonic Machining）又称为超声加工，是近几十年发展起来的一种加工方法。

（1）加工原理

超声波加工是利用振动频率超过 17 000 Hz 的工具头，通过悬浮液磨料对工件进行成型加工的一种方法。

当工具以 17 000 Hz 以上的振动频率作用于悬浮液磨料时，磨料便以极高的速度强力冲击加工表面；同时，由于悬浮液磨料的搅动，使磨粒以高速抛磨工件表面；此外，磨料液受工具端面的超声振动而产生交变的冲击波和"空化现象"。所谓空化现象，是指当工具端面以很大的加速度离开工件表面时，加工间隙内形成负压和局部真空，在磨料液内形成很多微空腔；当工具端面以很大的加速度接近工件表面时，空泡闭合，引起极强的液压冲击波，从而使脆性材料产生局部疲劳，引起显微裂纹。这些因素使工件在加工部位的材料粉碎破坏，随着加工的不断进行，工具的形状就逐渐"复制"在工件上。由此可见，超声波加工是磨粒的机械撞击和抛磨作用以及超声波空化作用的综合结果，磨粒的撞击作用是主要的。因此，材料愈硬脆，愈易遭受撞击破坏，愈易进行超声波加工。

（2）特　点

超声波加工的主要特点如下：

适合于加工各种硬脆材料，特别是某些不导电的非金属材料，例如玻璃、陶瓷、石英、硅、玛瑙、宝石及金刚石等。也可以加工淬火钢和硬质合金上的复杂型孔；由于工具硬度很高，故易于制造形状复杂的型孔；加工时宏观切削力很小，不会引起变形、烧伤。表面粗糙度 Ra 值很小，可达 $0.2~\mu m$，加工精度可达 0.05～0.02 mm，而且可以加工薄壁、窄缝、低刚度的零件。

超声波加工装置一般都由高频发生器、声学部件（超声振动系统）、机床本体和磨料工作液循环系统等部分组成。

1) 高频发生器

高频发生器即超声波发生器,其作用是将低频交流电转变为具有一定功率输出的超声频电振荡,以供给工具往复运动和加工工件的能量。

2) 声学部件

声学部件的作用是将高频电能转换成机械振动,并以波的形式传递到工具端面。声学部件主要由换能器、振幅扩大棒及工具组成。换能器的作用是把超声频点振荡信号转换为机械振动;振幅扩大棒变成变幅杆,其作用是将振幅放大。由于换能器材料伸缩变形量很小,在共振情况下也不超过 $0.005 \sim 0.01$ mm,而超声波加工却需要 $0.01 \sim 0.1$ mm 的振幅,因此必须用上粗下细(按指数曲线设计)的变幅杆放大振幅。变幅杆应用的原理是:因为通过变幅杆的每一截面的振幅能量是不变的,所以随着截面积的减小,振幅就会增大。加工中工具头与变幅杆相连,其作用是将放大后的机械振动作用于悬浮液磨料对工件进行冲击。工具材料应选用硬度和脆性不很大的韧性材料,如 45 钢,这样可以减少工具的相对磨损。工具的尺寸和形状取决于被加工表面,它们相差一个加工间隙(略大于磨料直径)。

3) 机床本体和磨料工作液循环系统

超声波加工机床的本体一般很简单,包括支承声学部件的机架、工作台面以及使工具以一定压力作用在工件上的进给机构等。磨料工作液是磨料和工作液的混合物。常用的磨料有碳化硼、碳化硅、氧化硒或氧化铝等;常用的工作液是水,有时用煤油或机油。磨料的力度大小取决于加工精度、表面粗糙度及生产率的要求。

(3) 超声波加工的应用

超声波加工的生产率虽然比电火花、电解加工等低,但其加工精度和表面粗糙度都比它们好,而且能加工半导体、非导体的脆性材料,如玻璃、石英、宝石、锗、硅甚至金刚石等。在实际生产中,超声波广泛应用于型(腔)孔加工、切割加工等方面。

7. 电子束加工

(1) 电子束加工原理

电子束加工是利用高速电子的冲击动能来加工工件的。在真空条件下,将具有很高速度和能量的电子束聚焦到被加工材料上,电子的动能绝大部分转变为热能,使材料局部瞬间熔融、气化蒸发去除。

控制电子束能量密度的大小和能量注入时间就可以达到不同的加工目的。如只是材料局部加热就可进行电子束热处理;使材料局部融化就可进行电子束焊接;提高电子束能量密度,使材料融化和气化,就可进行打孔、切割等加工;利用较低能量密度的电子束轰击高分子材料时产生化学变化的原理,即可进行电子束光刻加工。

(2) 特点与应用

电子束加工的特点及其应用如下:电子束能够极其细微的聚焦(可达 1~0.1 μm),故可进行细微加工。加工材料的范围广。有电子束量密度高,可使任何材料瞬间融化气化且机械力作用极小,不易产生变形和应力,故能加工各种力学性能的导体、半导体和非导体材料。加工在真空中进行,污染少,加工表面不易被氧化。

电子束加工需要整套的专用设备和真空系统,价格较高,故在生产中受到一定程度的限制。

8.2 超精密加工

1. 超精密加工的概念及其发展

机械制造技术从提高精度与生产率两个方面同时迅速发展起来。在提高生产率方面,提高自动化程度是各国致力发展的方向,近年来,从 CNC 到 CIMS 发展迅速,并在一定范围内得到应用。从提高精度方面,从精密加工发展到超精密加工,也是世界各主要发达国家致力发展的方向。

超精密加工技术是 20 世纪 70 年代发展和完善起来的,按加工精度和加工表面质量的不同,通常可以把机械加工分为一般加工(粗加工、半精加工和精加工)、光整加工和超精密加工。超精密的概念是相对的,是与某个时代的加工与测量水平密切相关的。超精密加工目前就其"质"来说是要实现以现有普通精密加工手段还达不到的高精度加工,就其"量"来说是要加工出亚微米乃至纳米级的形状与尺寸,并获得纳米级的表面粗糙度,但究竟多少精度值才算得上超精密加工,要视零件大小、复杂程度以及是否容易变形等因素而定。

超精密加工其精度从微米到亚微米,乃至纳米,其应用范围日益广泛,在高技术领域和军用工业以及民用工业中都有广泛应用。如激光核聚变系统、超大规模集成电路、高密度磁盘、精密雷达、导弹火控系统、惯导级陀螺、精密机床、精密仪器、录像机磁头、复印机磁鼓及煤气灶转阀等都要采用超精密加工技术。

超精密加工主要包括超精密切削(车、铣)、超精密磨削、超精密研磨(机械研磨、机械化学研磨、研抛、非接触式浮动研磨和弹性发射加工等)以及超精密特种加工(电子束、离子束及激光束加工等)。上述各种方法均能加工出普通精密加工所达不到的尺寸精度、形状精度和表面质量。每种超精密加工方法都是针对不同零件的要求而选择的。

(1) 超精密切削加工

超精密切削加工的特点是采用金刚石刀具。金刚石刀具与有色金属亲和力小,其硬度、耐磨性以及导热性都非常优越,且能刃磨得非常锋利(刃口圆弧半径 ρ 可小于 0.01 μm,实际应

用 ρ 一般为 $0.05~\mu m$)可加工出 Ra 小于 $0.01~\mu m$ 的表面粗糙度。此外,超精密切削加工还采用了高精度的基础零部件(如空气轴承、气浮导轨等)、高精度的定位检测元件(如光栅、激光检测系统等)以及高分辨率的微量进给机构。机床本身采取恒温、防振以及隔振等措施,还要有防止污染工件的装置。机床必须安装在洁净室内。进行超精密切削加工的零件材料必须质地均匀,没有缺陷。在这种情况下加工无氧铜,表面粗糙度 Ra 可达到 $0.005~\mu m$,加工 $\phi 800$ 的非球面透镜,形状精度可达 $0.2~\mu m$。

(2) 超精密磨削

超精密磨削技术是在一般精密磨削基础上发展起来的。超精密磨削不仅要提供镜面级的表面粗糙度,还要保证获得精确的几何形状和尺寸。为此,除要考虑各种工艺因素外,还必须有高精度、高刚度以及高阻尼特征的基准部件,消除各种动态误差的影响,并采取高精度检测手段和补偿手段。

目前,超精密磨削的加工对象主要是玻璃、陶瓷等硬脆材料,磨削加工的目标是形成 $3\sim5~nm$ 的平滑表面,也就是通过磨削加工而不需抛光即可达到要求的表面粗糙度。作为纳米级磨削加工,要求机床具有高精度及高刚度,脆性材料可进行可延性磨削(ductile grinding)。纳米磨削技术对燃气涡轮发动机,特别是对要求高疲劳强度材料(如飞机的喷气发动机涡轮用的陶瓷材料)的加工,是重要而有效的加工技术。

此外,砂轮的修整技术也相当关键。尽管磨削比研磨更能有效地去除物质,但在磨削玻璃或陶瓷时很难获得镜面,主要是由于砂轮粒度太细时,砂轮表面容易被切屑堵塞。日本理化学研究所学者大森整博士发明的电解在线修整(ELID)铸铁纤维结合剂(CIFB)砂轮技术,可以很好地解决这个问题。当前的超精密磨削技术能加工出圆度为 $0.01~\mu m$,尺寸精度为 $0.1~\mu m$ 和表面粗糙度 Ra 为 $0.005~\mu m$ 的圆柱形零件,平面超精密磨削能加工出 $0.03~\mu m/100~mm$ 的平面。

(3) 超精密研磨

超精密研磨包括机械研磨、化学机械研磨、浮动研磨、弹性发射加工以及磁力研磨等加工方法。超精密研磨加工出的球面面轮廓度达 $0.025~\mu m$,表面粗糙度 Ra 达 $0.003~\mu m$。利用弹性发射加工可加工出无变质层的镜面,粗糙度可达 $0.01~\mu m$。最高精度的超精密研磨可加工出平面度为 0.005 的零件。超精密研磨的关键条件是几乎无振动的研磨运动、精密的温度控制、洁净的环境以及细小而均匀的研磨剂。此外,高精度检测方法也必不可少。

(4) 超精密特种加工

1) 电子束加工

电子束加工是指在真空中将阴极(电子枪)不断发射出来的负电子向正极加速,并聚焦成极细的、能量密度极高的束流,高速运动的电子撞击到工件表面,动能转化为势能,使材料熔化、气化并在真空中被抽走。控制电子束的强弱和偏转方向,配合工作台 XY 方向的数控位移,可实现打孔、成型切割、刻蚀和光刻曝光等工艺。集成电路制造中广泛采用波长比可见光短得多的电子束光刻曝光,所以可以达到 0.25 μm 的线条图形分辨率。

2) 离子束加工

在真空将离子源产生的离子加速、聚焦使之撞击工件表面。离子是带正电荷,且其质量比电子大数千万倍,加速以后可以获得更大的动能。它是靠微观的机械撞击能量而不是靠动能转化为热能来加工的,可用于表面刻蚀、超净清洗,实现原子、分子级的切削加工。

3) 激光束加工

由激光发生器将高能量密度的激光进一步聚焦后照射到工件表面,光能被吸收瞬时转化为热能。根据能量密度的高低,可实现打孔、精密切割和加工精微防伪标志等。

4) 微细电火花加工

电火花加工是指在绝缘的工作液中,通过工具电极与工件间脉冲火花放电产生的瞬时局部高温来熔化和气化去除金属。加工过程中工具与工件间没有宏观的切削力,只要精密地控制单个脉冲放电能量并配合精密微量进给就可实现极微细的金属材料的去除,可加工微细轴、孔、窄缝、平面以及曲面等。

5) 微细电解加工

在导电的工作液中,水离解为氢离子和氢氧根离子,工件作为阳极,其表面的金属原子成为金属正离子溶入电解液而被逐层地电解下来,随后即与电解液中的氢氧根离子发生反应形成金属氢氧化物沉淀;而工具阴极并不损耗,加工过程中工具与工件间也不存在宏观的切削力,只要精细地控制电流密度和电解部位,就可实现纳米级精度的电解加工,而且表面不会加工应力。常用于镜面抛光、精密减薄以及一些需要无应力加工的场合。

6) 复合加工

复合加工是指采用几种不同能量形式、几种不同的工艺方法,互相取长补短、复合作用的加工技术,例如电解研磨、超声电解加工、超声电解研磨、超声电火花和超声切削加工等,可比单一加工方法更有效,适用范围更广。

2. 纳米加工技术

正如制造技术在当今各领域所起的重要作用一样,纳米加工技术在纳米技术的各领域中起着关键作用。纳米加工技术包含机械加工、化学腐蚀、能量束加工以及 STM 加工等许多方法。关于纳米加工技术目前还没有一个统一的定义,尺寸为纳米级(<10 nm)的材料的加工和使用称为纳米加工。加工表面粗糙度为纳米级的也称为纳米加工。笔者认为,所谓纳米加工技术是指零件加工的尺寸精度、形状精度以及表面粗糙度均为纳米级(<10 nm)。通过以下加工技术可以实现纳米级加工。

(1) 超精密机械加工技术

超精密机械加工方法有单点金刚石和 CBN 超精密切削、金刚石和 CBN 超精密磨削等多点磨料加工,以及研磨、抛光、弹性发射加工等自由磨料加工或机械化学复合加工等。

目前,利用单点金刚石超精密切削加工已在实验室得到了 3 nm 的切屑,利用可延性磨削技术也实现了纳米级磨削,而通过弹性发射加工等工艺则可以实现亚纳米级的去除,得到埃级的表面粗糙度。

(2) 能量束加工技术

能量束加工可以对被加工对象进行去除、添加和表面处理等工艺,主要包括离子束加工、电子束加工和光束加工等。此外,电解射流加工、电火花加工、电化学加工,以及分子束外延、物理和化学气相淀积等也属于能量束加工。

离子束加工溅射去除、沉淀和表面处理,离子束辅助蚀刻亦是用于纳米级加工的研究开发方向。与固体工具切削加工相比,离子束加工的位置和加工速率难以确定,为取得纳米级的加工精度,需要亚纳米级检测系统与加工位置的闭环调节系统。电子束加工是以热能的形式去除穿透层表面的原子,可以进行刻蚀、光刻曝光、焊接,以及微米和纳米级钻削和铣削加工等。

(3) LIGA 技术

LIGA(Lithographie,Galvanoformung,Abformung)工艺是由深层同步辐射 X 射线光刻、电铸成型和塑铸成型等技术组合而成的综合性技术,其最基本和最核心的工艺是深度同步辐射光刻,而电铸和塑铸工艺是 LIGA 产品实用化的关键。与传统的半导体工艺相比,LIGA 技术具有许多独特的优点,主要如下:

① 用材广泛,可以是金属及其合金、陶瓷、聚合物和玻璃等。
② 可以制作高度达数百微米至 $1\,000\,\mu m$,高度比大于 200 的三维立体微结构。
③ 横向尺寸可以小到 $0.5\,\mu m$,加工精度可达 $0.1\,\mu m$。
④ 可实现大批量复制、生产,成本低。

用 LIGA 技术可以制作各种微器件、微装置,已研制成功或正在研制的 LIGA 产品有微传感器、微电机、微机械零件、集成光学和微光学元件、微波元件、真空电子元件、微型医疗器械、纳米技术元件及系统等。LIGA 产品的应用涉及面广泛,如加工技术、测量技术、自动化技术、汽车及交通技术、电力及能源技术、航空及航天技术、纺织技术、精密工程及光学、微电子学、生物医学、环境科学和化学工程等。

(4) 扫描隧道显微镜(STM)技术

C. Binning 和 H. Robrer 发明的扫描隧道显微镜不但使人们可以以单个原子的分辨率观测物体的表面结构,而且也为以单个原子为单位的纳米级加工提供了理想途径。应用扫描隧道显微镜技术可以进行原子级操作、装配和改型。STM 将非常尖锐的金属针接近试件表面至 1 nm 左右,施加电压使隧道电流产生,隧道电流每隔 0.1 nm 变化一个数量级。保持电流一定扫描试件表面,即可分辨出表面结构。一般隧道电流通过探针尖端的一个原子,因而其横向分辨率为原子级。

扫描隧道显微加工技术不仅可以进行单个原子的去除、添加和移动,而且可以进行 STM

光刻、探针尖电子束感应的沉淀和腐蚀等新的 STM 加工技术。

目前对超精密加工技术的研究主要集中在以下几个方面：

① 超精密加工机床新型结构的研究。优良的设备是实现高质量加工的基础，为此，世界各国都极为重视此项研究。这主要包括机床的结构设计、新型机床材料和微进给机构的选用、性能更好的恒温、防振、除尘及排屑系统的研究等。

② 金刚石刀具（或砂轮）超精密切削与磨削技术的研究。利用金刚石刀具（或砂轮）进行超精密加工，已成为当前超精密加工的重要研究方向之一。在此方向上，目前研究的热点问题主要有金刚石刀具（或砂轮）的刃磨与修整技术，微粉金刚石砂轮超精密磨削等。

③ 新型超精密研磨抛光方法的研究。在传统的研磨抛光技术的基础上，近年来已经出现了磁性研磨、弹性发射加工、磁流体抛光、砂带研抛、电化学抛光和机械化学抛光等诸多有效的新方法，使传统的研磨抛光技术呈现出勃勃生机。

④ 纳米技术和微型机械的研究。纳米技术和微型机械的研究已经使制造技术进入了物质的微观领域，成为目前超精密加工领域研究的前沿和尖端。

3. 影响超精密加工的主要因素

如前所述，超精密加工技术已成为融合当代最新科技成果，涉及面极其广泛的系统工程。因此，影响超精密加工的因素是相当多的，不仅包括加工方法本身的影响，而且包括整个制造系统及其相关技术的影响。归纳起来，一般认为影响超精密加工的主要因素有以下几个方面。

(1) 加工方法的原理及超微量加工机理

一般加工时，由于机床的几何误差与传动链误差会以刀具相对于工件的相对运动"遗传"给工件，而且在加工过程中，还存在着诸如热变形、力变形、振动和磨损等因素的影响，致使被加工零件的精度总是低于机床的精度。而对于超精密加工，由于被加工零件的精度要求极高，使得一般机械加工手段极难胜任超精密加工的要求，此时必须考虑使用精度低于被加工零件精度要求的机床，借助于工艺手段和特殊工具来满足加工要求，这就是所谓的"创造性"加工原则。

(2) 加工设备及其基础元件

即使采用"创造性"原则进行超精密加工时，加工设备及其基础零件的质量仍然是获得高质量加工的关键。一般来说，为满足超精密加工要求，其加工设备应满足以下要求：

① 高精度和高刚性。加工设备本身具有极高精度和刚度的主轴系统、进给系统及微量进给装置等，是实现超精密加工的基础。目前，超精密加工机床的主轴系统一般采用回转精度高、刚性好，且阻尼大、抗振性能好的空气或液体静压轴承支撑的主轴系统，使主轴的径向跳动和轴向跳动不超过 0.05；为满足超精密加工时进给运动的均匀性和低速条件下无爬行的进给要求，目前超精密加工机床的导轨和丝杠开始大量采用液体静压和空气静压导轨和丝杠；精密微量进给装置是实现超微量加工的重要保证，为提高微量进给装置的进给分辨率和可靠性，许多新型的微量进给装置，如磁致伸缩微量进给装置、热变形及弹性变形微量进给装置、利用机

电耦合效应的微量进给装置等,已经相继出现和投入使用。

② 高稳定性和高可靠性。这主要是指机床抵抗热变形、磨损和振动等性能。

③ 高自动化程度。提高自动化程度,降低人为因素的影响,是提高超精密加工水平的重要条件。

(3) 测量技术

加工与测量是相辅相成不可分离的整体。如果没有与加工精度相适应的测量技术,就不能判断加工精度是否达到要求,也就无法为加工精度的进一步提高指出方向。超精密加工要求测量精度比加工精度至少高一个数量级。目前,超精密加工的精度已可稳定地达到亚微米($0.1~\mu m$)级甚至百分之一微米级,这就要求测量精度能达到纳米级水平。目前,在超精密加工中除广泛应用基于光学原理的测量技术和高灵密度的电气测微技术外,还正在探索使用新出现的高新技术进行显微测量,而且测量结果的分析软件功能也越来越强,比如扫描隧道显微测量技术。

(4) 加工环境条件

在超精密加工中,加工环境条件对加工质量的影响极大,其极微小的变化都可能使加工达不到预期目的。因此,超精密加工必须在超稳定的加工环境下进行。

事实上,除上述主要因素外,影响超精密加工的因素还有很多,如加工工具、工件的定位与夹紧方式、操作者的技艺水平等。值得注意的是,上述各影响因素并不是独立起作用的,而是相互影响、相互制约的。

8.3 成组技术

成组技术 GT(Group Technology)创始人是苏联的 G. II. 米特罗法诺夫,他根据多年积累的经验,于1959年发表了《成组工艺原理》专著,引起世界各国同行的重视。早期成组技术是从工艺过程典型化和组织同类零件集中生产开始的,随着成组技术理论和方法上的完善,以及计算机技术的迅速发展,GT 的应用超出了工艺制造范围,扩大到整个生产系统。

成组技术是组织多品种、中小批量生产的一种科学方法。它将企业生产的各种产品及组成产品的各种部件、零件按结构和工艺上相似性原则进行分类编组,并以"组"为对象组织技术工作和管理生产。成组技术应用的范围已经逐步扩展到整个生产、技术系统,从零件分类编码开始,到成组零件设计、成组工艺设计、成组工装设计、成组单元设计和生产,以及成组作业计划等,而且这些环节形成一个相互联系、相互制约的有机整体。因此,可以将成组技术看成是一个系统,称为成组技术系统。

1. 成组技术的工作内容

成组技术的主要工作内容如下:

① 对不同的产品零件,按其几何形状、尺寸大小、加工方法、精度要求和毛坯种类等的相似性,依照一定的分类系统进行零件的分类编码和划分零件组。

② 根据零件组成划分情况,建立成组生产单元或成组流水线。成组生产单元完成一组零件全部工艺过程所设置的机床和工艺装备,这些设备是典型的工艺过程布置。成组生产单元形式上与流水线相似,但它不受节拍时间的限制。

③ 产品设计与零件选择应按照成组工艺的分类编码进行。

④ 产品的装配与零件加工应按照成组工艺规程和成组加工单元来安排。

2. 成组技术的生产组织形式

根据零件的相似性程度,目前成组技术的生产组织形式有以下三种:

(1) 成组加工中心

成组加工中心(GT-Center)是指把一些结构相似的零件,在某种设备上进行加工的一种比较初级的成组技术的生产组织形式。

采用这种形式,由于相似零件集中加工,可以缩短设备调整时间和工人训练时间,有利于工艺文件编制工作合理化,还能逐步实现计算机辅助工艺设计。

(2) 成组生产单元

成组生产单元(GT-Cell)是指按一组或几组工艺上相似零件共同的工艺路线配备和布置设备,是完成相似零件全部工序的成组技术的生产组织形式。在生产单元中零件的加工是按类似流水线的方式进行的。进入这种生产单元的零件组(族)的毛坯,当它们离开这个单元时都已全部加工完毕。

(3) 成组流水线

这类零件的工艺共性程度最高。它根据零件组的工艺流程来配置机床设备,工序间的运输采用滚道或小车。因此,它具有大批量流水生产线所固有的优点。其主要区别是所流动的不是固定的一种零件,而是一组相似的零件。机床设备允许作局部调控,更换调整件,以适应不同零件的制造,而且不过分强调工序节拍。成组流水线(GT-Flow Line)是具有流水生产线特征的成组生产单元,是成组技术的最高组织形式。

在成组流水生产线的基础上,各国正在研制以成组技术为逻辑基础的柔性制造系统,是多品种、中小批量生产的自动化生产技术。目前,它还处于试验研制阶段,对其设计、制造、安装、调整和运行等均有待在实践中不断完善。

3. 成组技术在制造工艺中的应用

企业生产的多种零件在按照一定的相似性准则分类成组的基础上,按零件进行工艺准备,可以在各项工作中,以多种形式实施成组成本。

(1) 成组工艺过程

成组工艺过程是指针对一组相似的所有零件而设计的工艺过程。其设计方法有复合零件法和复合路线法。复合零件是一种假想的零件,它具有同组零件的全部形状特征。

复合零件法是指按复合零件设计的成组工艺过程。

复合路线法是从分析零件组(族)各零件的工艺路线入手,选择一个最复杂和最长的工艺路线作为基础,然后将其他零件所特有的而又未包含在该基础工艺路线中的工序合理地安排进去,最后形成满足全组零件要求的工艺过程。

(2) 成组夹具

在成组技术原理的指导下,为完成成组工序而设计、制造的专用夹具称为成组夹具。成组夹具不同于一般的专用夹具,它不是针对某一种零件,而是针对一组零件的同一工序而设计的夹具。

(3) 成组技术在 CAPP 及数控编程中的应用

成组技术是修订式 CAPP 系统的基础,零件编码与分组在修订式 CAPP 系统中具有重要作用。此外,在数控编程中,可以应用成组技术原理实现零件组(族)数控编程。

4. 成组技术在生产组织与管理中的应用

在生产组织中,采用成组单元或成组流水线,可以缩短零件的运输路线,提高生产单元或系统的柔性。在生产管理中,以零件族为基础编制生产计划和生产作业计划,可以提高生产管理的效率,提高劳动力和设备的利用率。

在产品设计和制造工艺方面实施成组技术的企业,其生产管理方法也必须进行相应的改变。在生产管理工作中应用成组技术,将实行按零件族组织生产,打破产品界限,改变传统的按产品组织生产的方式;以零件管理取代原来的工序管理;质量管理也由检验人员控制为主改变为生产单元自控为主;工人则从按专业工种固定劳动分工向一专多能转变,从一人一机向多机床管理发展。这一切不仅有利于编制生产计划、生产指令和调度计划工作的简化,而且能使整个生产管理工作向着科学化和现代化的方向发展。

8.4　CAPP 技术

1. CAPP 的概念及意义

CAPP 的开发、研制是从 20 世纪 70 年代末开始的。在制造自动化领域,CAPP 的发展是最晚的部分。世界上最早研究 CAPP 的国家是挪威,始于 1979 年,并于当年正式推出世界上第一个 CAPP 系统 AUTOPROS,1973 年正式推出商品化的 AUTOPROS 系统。在 CAPP 发展史上具有里程碑意义的是 CAM-I 于 1977 年推出的 CAM-I'S Automated Process Planning 系统,取各字的首字母,称为 CAPP 系统。目前,对 CAPP 这个缩写虽然还有不同的解释,但把 CAPP 称为"计算机辅助工艺规程"已经成为公认的释义。

CAPP 的作用是利用计算机来进行零件加工工艺规程的制定,把毛坯加工成工程图纸上所要求的零件。它是通过向计算机输入被加工零件的几何信息(形状、尺寸等)和工艺信息(材料、热处理和批量等),由计算机自动输出零件的工艺路线和工序内容等工艺文件的过程。

实际上国外常用的一些,如制造规划(manufacturing planning)、材料处理(material processing)、工艺工程(process engineering)以及加工路线安排(machine routing)等在很大程度上都是指工艺设计。CAPP 属于工程分析与设计范畴,是重要的生产准备工作之一。

由于 CIMS 的出现,CAPP 上与 CAD 相接,下与 CAM 相连,是设计与制造之间的桥梁,设计只能通过工艺设计才能与制造实现功能和信息的集成。由此可见,CAPP 在实现生产自动化中的重要地位。

CAPP 的基本原理正是基于人工设计的过程及需要解决的问题而提出的。随着机械制造生产技术的发展及多品种小批量生产的要求,特别是 CAD/CAM 系统向集成化、智能化方向发展,传统的工艺设计方法,已远远不能满足要求。CAPP 应运而生,用 CAPP 代替传统的工艺设计克服了上述的缺点。CAPP 对于机械制造业具有重要意义,其主要表现如下:

① 可以将工艺设计人员从繁重的、重复性的手工劳动中解放出来,使他们能从事新产品的开发、工艺装备的改进及新工艺的研究等创造性的工作。

② 可以大大缩短工艺设计周期,保证工艺设计的质量,提高产品在市场上的竞争能力。

③ 能继承有经验的工艺设计人员的经验,提高企业的继承性,特别是在当前国内外机械制造企业有经验的工艺设计人员日益短缺的情况下,可以共享经验,因而具有特殊意义。

④ 可以使企业工艺设计标准化,并有利于工艺设计的最优化工作。

⑤ 为适应现代制造环节日趋自动化的需要和实现 CIMS 创造必要的技术基础。

⑥ 制造资源、工艺参数等以适当的形式建立制造资源和工艺参数库。

⑦ 能充分利用标准(典型)工艺生成新的工艺文件。

正因为 CAPP 在机械制造业有如此重要意义,从 20 世纪 70 年代初开始对其进行研究,30 多年来已取得了重大的发展,在理论体系及生产过程的实际应用方面取得了重大成果。但是到目前为止,仍有许多问题有待进一步深入研究,尤其是 CAD/CAM 向集成化、智能化方面发展,追求并行工程模式,这些都对 CAPP 技术提出了新的要求,也赋予它新的含义。此时,CAPP 所包含的内容是在原有的基础上,向两端发展,向上扩展为最佳化及作业计划最佳化,作为 MRPII 的一个重要组成部分,并为 MRPII 提供所需的技术资料;向下扩展为形成 NC 控制指令。广义的 CAPP 概念就是在这种形势下应运而生的,也给 CAPP 的理论与实践提出了新的要求。

2. CAPP 系统的分类

CAPP 的方法大致有派生式、创成式和综合式三种,那么相应的 CAPP 系统也可以分为以下三种:

① 派生式(variant)CAPP 系统 也叫检索式、变异式、修订式、样件式 CAPP 系统。它建立在成组技术(GT)的基础上,其基本原理利用了零件的相似性,即相似零件有相似工艺规程。一个新零件的工艺规程可以通过检索系统中已有的相似零件的工艺设计进行类比设计,也就是用计算机模拟人工设计的方式,其继承和应用的是标准工艺。派生式系统必须有一定量的

样板(标准)工艺文件,在已有工艺文件的基础上修改编制生成新的工艺文件。

② 创成式(generative)CAPP 系统　也叫生成式 CAPP 系统。创成式系统的工艺规程是根据程序中所反映的决策逻辑和制造工程数据信息生成的。这些信息主要是有关各种加工方法的加工能力和对象,各种设备及刀具的适用范围等一系列的基本知识。工艺决策中的各种决策逻辑存入相对独立的工艺知识库,供主程序调用。向创成式系统输入待加工零件的信息后,系统能自动生成各种工艺规程文件,用户不需或略加修改即可。创成式系统不需要派生法中的样板工艺文件,在创成系统中只有决策逻辑和规则,系统必须读取零件的全面信息,在此基础上按照程序所规定的逻辑规则自动生成工艺文件。

③ 综合式(Hybrid)CAPP 系统　综合式系统是将派生式、创成式与人工智能结合在一起综合而成的。

从以上三种 CAPP 系统中工艺文件产生的方式可以看出,派生式系统必须有样板文件,因此它的适用范围局限性很大,它只能针对某些具有相似性的零件产生工艺文件。在一个企业中这种零件只是一部分,那么其他零件的工艺文件派生式系统无法解决。创成式系统虽然基于专家系统,自动生成工艺文件,但须输入全面的零件信息,包括工艺加工的信息,信息需求量极大、极全面,系统要确定零件的加工路线、定位基准和装夹方式等,并从工艺设计的特殊性及其个性化进行分析。正是由于知识表达的"瓶颈"与理论推理的"匹配冲突"至今无法很好地解决,自优化和自完善功能差,CAPP 的专家系统方法仍停留在理论研究和简单应用的阶段。

除上面几种 CAPP 系统以外,还有一种智能型的 CAPP 系统越来越受到重视。智能型 CAPP 系统是将人工智能技术应用于 CAPP 系统中所形成 CAPP 专家系统。智能型 CAPP 系统与创成型 CAPP 系统是有一定区别的。正如人们所知,创成型 CAPP 及 CAPP 专家系统都可以自动生成工艺规程,创成型 CAPP 是以逻辑算法加决策表为其特征,而智能型 CAPP 型系统则以推理加知识为其特征。

在企业的实际应用中,无论使用什么方式进行工艺规程设计,其目的只有一个,真正满足企业的需求,解决企业的实际问题。

3. CAPP 系统的基础技术

(1) 成组技术

CAPP 系统的研究和开发与组成技术密切相关。成组技术的实质是利用实物的相似性,把相似问题归类成组并进行编码,寻求解决这一类问题的最优方案,从而节约时间和精力以取得所期望的经济效益。

(2) 零件信息的描述和输入

零件信息的描述和输入是 CAPP 系统运行的基础和依据。零件信息包括名称、图号、材料、几何形状及尺寸、加工精度、表面质量、热处理及其他技术要求等。准确的零件信息描述是 CAPP 系统进行工艺分析决策的可靠保证,因此对零件信息描述的简明性、方便性及输入的快速性等方面都有较高的要求。常用的零件描述方法有分类编码描述法、表面特征描述法以及直接从 CAD 系统图库中获取 CAPP 系统所需的信息。从长远的发展角度看,根本的解决方法是从 CAD 系统图库中获取 CAPP 系统所需要的信息,即实现 CAD 与 CAPP 的集成化。

(3) 工艺设计决策制图

工艺设计方案决策主要有工艺流程决策、工序决策、工步决策以及工艺参数决策等内容。其中,工艺流程设计中的决策最为复杂,是 CAPP 系统中的核心部分。不同类型 CAPP 系统的形成,主要也是由于工艺流程的决策方法不同而决定的。为保证工艺设计达到全局最优,系统常把上述内容集成在一起,进行综合分析、动态优化和交叉分析。

(4) 工艺知识的获取及表示

工艺设计随着各个企业的设计人员、资料条件、技术水平以及工艺习惯不同而变化。要使工艺设计能够在企业中得到广泛而有效的应用,必须根据企业的基本情况,总结出适应企业的零件加工典型工艺决策的方法,按所开发的 CAPP 系统的要求,用不同的形式表达这些经验及决策逻辑。

(5) 工艺数据库的建立

CAPP 系统在运行时需要相应的各种信息,如机床参数、刀具参数、夹具参数、量具参数、材料、加工余量、标准公差及工时定额等。工艺数据库的结构要考虑方便用户对数据库进行检索、修改和增删,还要考虑工件、刀具材料以及工件变化时数据库的扩充和完善。

8.5 现代生产制造系统及制造技术的展望

1. 计算机集成制造系统(CIMS)

CIMS 是 20 世纪 70 年代后,在计算机技术、信息技术及自动化制造技术(如 CAD/CAM、FMS 等)的基础上发展起来的,它是一个将工厂的全部生产活动用计算机进行集成化管理的高柔性、高效益的自动化制造系统,是目前计算机控制的制造系统自动化技术的最高层次。

CIMS 通常由管理信息分系统、设计自动化分系统、制造自动化分系统、质量保证分系统、计算机网络分系统和数据库分系统六个部分有机组成,即 CIMS 由四个功能分系统和两个支撑分系统组成。

① 管理信息分系统　具有预测、经营决策、生产计划、生产技术准备、销售、供应、财务、成本、设备、工具和人力资源等管理信息功能,通过信息集成,达到缩短产品生产周期,降低流动资金占用,提高企业应变能力的目的。

② 设计自动化分系统　计算机辅助产品设计、工艺设计、制造准备及产品性能测试等工作,即 CAD/CAPP/CAM 系统,目的是使产品开发活动更高效、更优质地进行。

③ 制造自动化分系统　CIMS 中信息流和物流的结合点。对于离散型制造业,可以由数控机床、加工中心、清洗机、测量机、运输小车、立体仓库和多级分布式控制(管理)计算机等设备及相应的支持软件组成。对于连续型生产过程,可以由 DCS 控制下的制造装备组成,通过

管理与控制,达到提高生产率,优化生产过程,降低成本和能耗的目的。

④ 质量保证分系统　包括质量决策,质量检测与数据采集,质量评价、控制与跟踪等功能。该系统保证从产品设计、制造、检测到后勤服务的整个过程的质量,以实现产品高质量、低成本,提高企业竞争力的目的。

⑤ 计算机网络分系统　采用国际标准和工业规定的网络协议,实现异种机互联、异构局域网络及多种网络互联。它以分布为手段,满足各应用分系统对网络支持的不同需求,支持资源共享、分布处理、分布数据库、分层递进和实时控制。

⑥ 数据库分系统　逻辑上统一、物理上分布的全局数据管理系统。通过该系统可以实现企业数据共享和信息集成。

需要指出,上述 CIMS 的构成是最一般、最基本的构成。

2. 并行工程

1988 年,美国国家防御分析研究所 IDA(Institute of Defense Analyze)完整地提出了并行工程 CE(Concurrent Engineering)的概念,即"并行工程是集成地、并行地设计产品及其相关过程(包括制造过程和支持过程)的系统方法"。这种方法要求产品开发人员在一开始就考虑产品整个生命周期中从概念形成到产品报废的所有因素,包括质量、成本、进度计划和用户要求。并行工程的目标是提高质量,降低成本,缩短产品开发周期和产品上市时间。并行工程的具体做法是:在产品开发初期,组织多种职能协同工作的项目组,使有关人员从一开始就获得对新产品的要求和信息,积极研究涉及本部门工作的业务,并将要求提供给设计人员,使许多问题在开发早期就得到解决,从而保证了设计质量,避免了大量的返工浪费。

并行工程的特征如下:

(1) 并行交叉

它强调产品设计与工艺过程设计、生产技术准备、采购及生产等各种活动并行交叉进行。并行交叉有两种形式:一是按部件并行交叉,即将一个产品分成若干个部件,使各部件能并行交叉进行设计开发;二是对单个部件,可以使其设计、工艺过程设计、生产技术准备、采购及生产等各种活动尽最大可能并行交叉进行。需要注意的是,并行工程强调各种活动并行交叉,并不是也不可能违反产品开发过程必要的逻辑顺序和规律,而是在充分细分各种活动的基础上,找出各子活动之间的逻辑关系,将可以并行交叉的尽量并行交叉进行。

(2) 尽早开始工作

正因为并行工程强调各活动之间的并行交叉,那么为了争取时间,人们要学会在信息不完备情况下就开始工作。根据传统观点,人们认为只有等到所有产品设计图纸全部完成以后才能进行工艺设计工作,所有工艺设计图完成后才能进行生产技术准备和采购,生产技术准备和采购完成后才能进行生产。而并行工程强调将各有关活动细化后进行并行交叉,因此很多工作要在传统意义上信息不完备的情况下进行。

3. 精益生产

精益生产 LP(Lean Production)是美国麻省理工学院数位国际汽车计划组织(IMVP)的专家对日本丰田准时化生产 JIT(Just In Time)的生产方式的赞誉称谓。精,即少而精,不投入多余的生产要素,只是在适当的时间生产必要数量的市场急需产品(或下道工序急需的产品);益,即所有经营活动都要有益有效,具有经济效益。精益生产方式 JIT 源于丰田生产方式,是由美国麻省理工学院组织世界上 14 个国家的专家、学者,花费 5 年时间,耗资 500 万美元,以汽车工业这一开创大批量生产方式和精益生产方式 JIT 的典型工业为例,经理论化后总结出来的。它是当前工业界最佳的一种生产组织体系和方式。

精益生产方式 JIT 的主要特征表现如下:
① 品质——寻找、纠正和解决问题;
② 柔性——小批量、一个流;
③ 投放市场时间——把开发时间减至最短;
④ 产品多元化——缩短产品周期,减小规模效益影响;
⑤ 效率——提高生产率,减少浪费;
⑥ 适应性——标准尺寸总成、协调合作;
⑦ 学习——不断改善。

4. 敏捷制造

与其他先进制造模式(如准时生产、精益生产等)相比较,敏捷制造的主要特征为:以满足敏捷性用户需求,获得利润为目标。以竞争能力和信誉为依据,选择组成动态联盟的合作伙伴。敏捷制造系统促使企业采用较小规模的模块化生产设施,促使企业间的合作。每一个企业都将对新的生产能力做出部分贡献。在动态联盟中,竞争和合作是相辅相成的。基于合作间的相互信任、分工协作和共同目标来有力地增强整体实力。

信息技术有力地支持敏捷制造,基于开放式计算机网络的信息集成框架是敏捷制造的重要内容。根据客户需要和社会经济效益组成了未来企业组织的最高形式——虚拟企业。参与虚拟企业的各个企业的组成和体系结构具有前所未有的柔性。把知识、技艺、信息投入最底层生产线。

与传统的大批量生产方式相比,敏捷制造的主要特征如下:
① 全新的企业合作关系——虚拟企业或动态联盟,高度柔性的、模块化的、可伸缩的生产制造系统。这种柔性生产系统虽然规模不大,但生产成本与批量无关,在同一系统内可生产出的产品种类却是无限的。
② 大范围的通信基础结构。在信息交换及通信联系方面,在敏捷制造中具有一个能将正确的信息、在正确的时间送给正确的人的"准时信息系统",作为灵活的管理系统的基础,通过信息高速公路与国际互联网将全球范围内的企业相联通。

③ 柔性化、模块化的产品设计方法。敏捷制造的方法中将产品在生命周期内的用户满意程度作为衡量产品质量的要求指标。

习题与思考题

8-1　简述先进制造技术的特点及其发展趋势。
8-2　简述电火花加工的原理及适用范围。
8-3　电火花加工的工件表面发生了什么变化？如何减小它的表面粗糙度？
8-4　简述电火花线切割加工的原理与适用范围。
8-5　电火花线切割加工有何特点？
8-6　简述电解加工的原理与适用范围。
8-7　电解加工有何特点？
8-8　试比较电解加工与传统机械加工、电火花加工有何异同点？
8-9　简述激光加工的基本原理。
8-10　简述电子束加工的基本原理及特点。
8-11　电子束加工有哪些应用？
8-12　CAD/CAM 的含义是什么？
8-13　CAPP 的含义是什么？CAPP 的功能有哪些？
8-14　柔性制造系统由哪些部分组成？这些组成部分各有什么作用？
8-15　什么是 CIMS？CIMS 由哪些系统组成？
8-16　并行工程为什么能加速产品的开发过程？
8-17　为什么有人认为敏捷制造模式是 21 世纪占主导地位的一种制造模式？
8-18　虚拟制造有哪些特点？简述虚拟制造的内涵。
8-19　实现敏捷制造的主要措施有哪些？

参 考 文 献

[1] 陈新刚.机械制造工艺[M].北京:北京航空航天大学出版社,2010.
[2] 金涤尘,宋放之.现代模具制造技术[M].北京:机械工业出版社,2005.
[3] 周世学.机械制造工艺与夹具[M].北京:北京理工大学出版社,2006.
[4] 王茂元.机械制造技术[M].北京:机械工业出版社,2002.
[5] 柯明扬.航空航天机械制造工艺学[M].北京:北京航空航天大学出版社,1990.
[6] 郑修本.机械制造工艺学[M].北京:机械工业出版社,1999.
[7] 哈尔滨工业大学,上海工业大学.机械制造工艺学:第一、二、三、四分册[M].上海:上海科学技术出版社,1981.
[8] 郑修本,冯冠大.机械制造工艺学[M].北京:机械工业出版社,1997.
[9] 丁振明,姚开彬.工模具制造工艺学[M].北京:国防工业出版社,1979.
[10] 顾崇衔.机械制造工艺学[M].西安:陕西科学技术出版社,1987.
[11] 王启平.机械制造工艺学[M].哈尔滨:哈尔滨工业大学出版社,1995.
[12] 姜作敬.机械制造工艺学[M].武汉:华中理工大学出版社,1989.
[13] 赵志修.机械制造工艺学[M].北京:机械工业出版社,1985.
[14] 刘守勇.机械制造工艺与机床夹具[M].北京:机械工业出版社,1994.
[15] 黄天铭.机械制造工艺学[M].重庆:重庆大学出版社,1988.
[16] 刘晋春,赵家齐.特种加工[M].北京:机械工业出版社,1994.
[17] 胡永生.机械制造工艺原理[M].北京:北京理工大学出版社,1992.
[18] 郑焕文.机械制造工艺学[M].沈阳:东北工学院出版社,1988.
[19] 于骏一,等.机械制造工艺学[M].长春:吉林教育出版社,1986.
[20] 王先逵.机械制造工艺学[M].北京:机械工业出版社,1995.
[21] 许香穗,蔡建国.成组技术[M].北京:机械工业出版社,1997.
[22] 宾鸿赞,曾庆福.机械制造工艺学[M].北京:机械工业出版社,1990.
[23] 李庆寿.机械夹具设计[M].北京:机械工业出版社,1984.
[24] 袁长良.机械制造工艺装备设计手册[M].北京:中国铁道出版社,1992.
[25] 劳动和社会保障部教材办公室.数控加工工艺学[M].北京:中国劳动和社会保障部出版社,1999.
[26] 于骏一,夏卿.机械制造工艺学[M].长春:吉林教育出版社,1984.